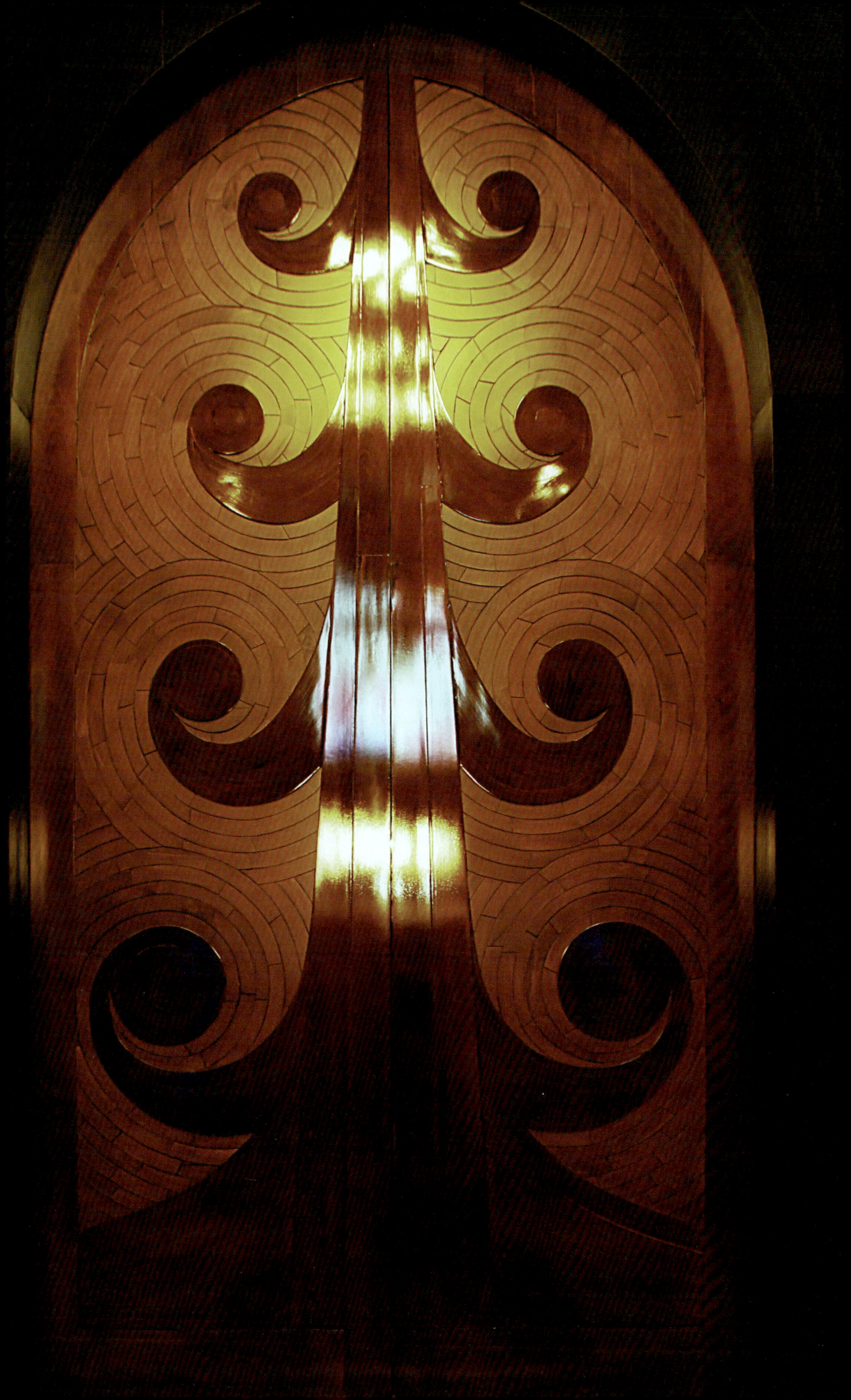

木訥館

목눌관 MOKNULKWAN

소광 지음

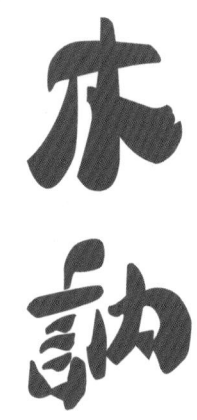

MOKNULKWAN

소광 지음

프롤로그

목눌관은 세계 최초, 최대, 최고 규모의 유럽풍 우드 인테리어 및 특수목 전시관으로 전 세계에서 생산되는 부빙가, 삼나무(스기), 애쉬, 마호가니, 티크, 월넛 등 50여 종의 목재를 사용해 2층 구조로 우주관, 심포니 홀을 비롯해 15개의 콘셉트 룸으로 꾸며졌으며, 각 룸마다 목재의 독특한 패턴을 구성해 놓음으로써 목조 실내건축의 자연미와 아름다움의 극치를 구현하고 있다.

목눌관은 '剛강' '毅의' '木목' '訥눌' '仁인'의 "강하고 굳세고 질박하고 어눌(語訥)함이 인(仁)에 가깝다"는 공자의 말씀과 이를 한 곳에서 이루다는 '합합'을 더해 7개의 테마를 바탕으로 15개의 룸으로 구성하였다.

각각의 룸은 테마에 따라 서로 다른 특수목재를 사용해 개별 목재의 특성을 살려낸 디자인으로써 목재 각각의 고유한 개성과 아름다움을 엿볼 수 있다.

목눌관의 15개의 룸과 우주관으로 이어지는 자연스러운 동선은 목재 건축의 아름다운 동화의 나라로 여정을 이끌어 목눌관의 중심인 우주관에 다다르게 한다. 우주관과 마주한 6m 높이의 '생명의 문'은 우주의 생명력을 상징하는 문양으로 표현해 수백 년 된 고목들이 숨 쉬는 거대한 숲의 생명력을 품고 있는 비전 도어(vision door)로 이 '생명의 문'을 통과하면 목눌관의 하일라이트인 심포니홀로 들어서게 되며 목재건축이 선사하는 탄생과 죽음을 넘어선 생명에 대한 신비한 체험과 함께 방문객을 숙연하게 만든다.

전시관 개요

전시관 이름 : 목눌관木訥館
착공 및 완공 : 2014년 5월 착공 ~ 2017년 5월 완공
개관 : 2017년 9월
전시관 요소 : 총 15개 룸, 전 세계 50여 종의 목재 사용
전시관 의미 : 논어 자로편 '剛毅木訥近仁 강의목눌근인'
전시관 위치 : 에스와이우드(주)
　　　　　　 인천광역시 서구 경인항대로 17

Prologue

Moknulkwan is the world's first and largest exhibition hall for European-style wood interior and special wood. The two-story building uses over 50 types of wood - bubinga, Japanese cedar (sugi), ash, mahogany, teak, and walnut - produced worldwide and features 15 conceptual rooms, including the Cosmic Hall and Symphony Hall. Each hall consists of unique wood patterns, embodying the natural beauty of wooden interior architecture.

Moknulkwan is based on the words of Confucius, who said, "剛 gang 毅eui 木mok 訥nul 仁in," meaning "being strong, firm, plain, and inarticulate is close to being benevolent," added with "合 hap," which means to make all of these come true in one place. Based on 7 themes, the hall is comprised of 15 rooms.

Each room is designed with different special woods according to the theme, harmonizing the color and texture of each wood and expressing unique characteristics of wood.

The 15 rooms of Moknulkwan and the natural flow of traffic to the Cosmic Hall led the journey to the beautiful land of fairy tales made of wooden architecture until the Cosmic hall, which is the center of the Moknulkwan. The 6m-high 'Gate of Life' in the Cosmic Hall is a vision door that expresses the vitality of the universe with patterns and harbors the life energy of a vast forest where trees hundreds of years old breathe. Going through this 'Gate of Life' brings you to the Symphony Hall, the highlight of Moknulkwan. The wooden architecture expresses the mystical experience of life beyond birth and death and the solemnity of life and death.

Exhibition Hall Overview

Name : Moknulkwan木訥館
Construction period : May 2014 ~ May 2017
Opened : September 2017
Elements : A total of 15 rooms, using about 50 types of wood from around the world
Meaning : Confucian Analects '剛毅木訥近仁 Gang Eui Mok Nul Geun In'
Location : SY WOOD Co., Ltd.
　　　　　 17 Gyeonginhang-daero, Seo-gu, Incheon

사진 ⓒ 이종수

차례

프롤로그 ····· 4
나무들의 합창 ····· 8
아우라 木訥館 ····· 12

PART 1 목눌관을 만나다 ····· 14
　　　　剛 _ "덕성이 견고하여 욕심에 사로잡히지 아니하고" ····· 18
　　　　毅 _ "강인하여 하기 어려운 것을 능히 하고" ····· 24
　　　　木 _ "성행이 질박하여 화미한 것을 삼가고" ····· 32
　　　　訥 _ "말이 지둔(遲鈍)하여 묵중하므로 이 모두가" ····· 42
　　　　近 _ "가까워지다" ····· 54
　　　　仁 _ "어짊에…" ····· 66

PART 2 목눌관을 말하다 ····· 88
　　　　평면도 ····· 90
　　　　VESTIBLE ····· 94
　　　　ROOM 01 _ 현관 복도 ····· 96
　　　　ROOM 02 _ 사무실 ····· 98
　　　　ROOM 03 _ 중앙홀 ····· 100
　　　　ROOM 04 _ VIP룸 ····· 106
　　　　ROOM 05 _ 응접실 ····· 116
　　　　ROOM 06 _ 중앙복도 ····· 118
　　　　ROOM 07 _ 월넛룸 ····· 120
　　　　ROOM 08 _ 나이테방 ····· 124
　　　　ROOM 09 _ 우주관 ····· 126
　　　　ROOM 10 _ 부현관 ····· 132
　　　　ROOM 11 _ 심포니홀 ····· 134
　　　　ROOM 12 _ 피라미드룸 ····· 138
　　　　ROOM 13 _ 오크룸 ····· 142
　　　　ROOM 14 _ 아폴로룸 ····· 144

PART 3 목눌관을 느끼다 ····· 146
　　　　스케치 도면 ····· 148

에필로그 ····· 178
소광 프로필 ····· 182
(주)에스와이우드 ····· 184
부록 ····· 186

Table of Contents

Prologue — 4
Chorus of Trees — 8
Aura Moknulkwan — 12

PART 1 Meeting Moknulkwan — 14
   剛 _ "Being strong and not succumbing to lust" — 18
   毅 _ "Being firm and easily achieving difficulties" — 24
   木 _ "Acting plainly and abstaining from frivolousness" — 32
   訥 _ "Being inarticulate and quite, so all these" — 42
   近 _ "are becoming close" — 54
   仁 _ "to benevolence…" — 66

PART 2 Speaking Moknulkwan — 88
   Floor Plan — 90
   VESTIBLE — 94
   ROOM 01 _ Entrance hallway — 96
   ROOM 02 _ Office — 98
   ROOM 03 _ Center Hall — 100
   ROOM 04 _ VIP Room — 106
   ROOM 05 _ Reception Room — 115
   ROOM 06 _ Central Corridor — 118
   ROOM 07 _ Walnut Room — 120
   ROOM 08 _ Tree Ring Room — 124
   ROOM 09 _ Cosmic Hall — 126
   ROOM 10 _ Sub-entrance — 132
   ROOM 11 _ Symphony Hall — 134
   ROOM 12 _ Pyramid Room — 138
   ROOM 13 _ Oak Room — 142
   ROOM 14 _ Apollo Room — 144

PART 3 Feeling Moknulkwan — 146
   Sketch drawing — 148

Epilogue — 178
Profile of Soh Kwang — 182
SY WOOD Co., Ltd. — 184
Appendix — 186

나무들의 합창
Chorus of Trees

인(因)이 있어 연(緣)으로 이어가듯 어느 초봄 세계 각국의 특수목을 수입하여 목재 사업을 운영하는 에스와이우드(주) 문성렬 사장을 만났다.

당시 문성렬 사장은 목재계 발전을 위한 건축목재 전시관 건립을 계획하고 있었고, 나는 특수목을 이용하여 설계·시공하는 실내건축 작가(Wood Interior Disigner)의 길을 가고 있었다. 우리의 만남은 각자의 길을 오랫동안 같은 방향을 바라보고 걸어온 사람들의 말 없는 묵언으로도 충분했다.

그해 장미 꽃 향 흐드러진 5월 특수목재 실내건축 전시관(Wood Interior Gallery) '목눌관(木訥館)' 공사가 시작되었다.

목눌관(木訥館)은 논어에 '강의목눌(剛毅木訥)이 근인(近仁) – 강하고 굳세고 질박하고 어눌(語訥)함이 인(仁)에 가깝다'는 문구가 가슴에

As reason becomes connection, one early spring, I met Seong-yeol Moon, the president of SYWOOD that operates a lumber business of importing special wood around the world.

At the time, President Moon was planning to build an architectural wood exhibition hall for the development of the lumber industry, and I was building my career as a Wood Interior Designer who designs and constructs with special wood. Our meeting was enough with just the silences of people who have walked the paths of the same direction for a long time.

In May of that year, when it was full of scent from roses, the construction of Moknulkwan (木訥館), a special Wood Interior Gallery, began.

Moknulkwan (木訥館) was named after the phrase in the Analects that "Mok-nul of Gang-eui-mok-nul (剛毅木訥) is geun-in (近仁)-- strong, firm, plain, and inarticulate is close to being benevolent" as the phrase inspired me.

Through Moknulkwan, I tried to express the original universe filled with the Milky Way and the song of the nature that surrounds humans, that is, the harmonious and beautiful world of the universe, the earth, and the human.

Moknulkwan required a lot of wood and construction materials and consumed the efforts of about 5,000 people. It has an exclusive space of 330㎡ and a total of 15 concept rooms in a 2000㎡ area with specialized tree types and design. The spaces are developed organically with direct construction without any external production. The construction period was approximately 5 years from March 2014 to May 2017, and it is built at 17 Gyeonginhang-daero, Seo-gu,

닿아 이름 지었다.

　나는 목눌관을 통해 은하수 가득 찬 태초의 창조 우주와 인간과 인간을 둘러싸는 자연의 노래, 즉 천天, 지地, 인人 우주자연의 조화롭고 아름다운 세계를 표현하고자 노력하였다.

　목눌관은 수많은 목재와 건자재가 소요되었으며 연인원 5000여 명의 노력이 집중되었고 규모는 전용 면적 330㎡이고 전개 면적 2000㎡ 공간에 총 15개의 컨셉룸이 특화된 수종과 디자인으로 일체 외주제작 없이 직접 시공한 작품 공간으로써 유기적으로 전개되어있다. 공사기간은 2014년 3월부터 2017년 5월까지 만 5년 동안 인천광역시 서구 경인항대로 17, 에스와이우드(주) 전시관에 시공되어있다.

　오랫동안 목재 분야에 관련된 사업을 운영하면서 디자인 및 시공에 관한 나름의 길을 가기를 원했었다. 원목에서부터 제재, 가공, 제작, 생산, 디자인, 시공 과정에 충실했던 경영자로서, 특수목을 종합적으로 분석하고 독자 연구개발 해왔기 때문에 Wood Interior Design 분야에서는 독창적인 디자인을 추구하였다. 한때는 그러한 공로를 인정받아 국무총리상을 수상하기도 하였다.

　나는 구상 단계에서부터 기획하기를 내 디자인의 특성과 내 의지를 곧추세워 오케스트라 지휘자의 웅대함과 섬세함으로 무장하고 임해야만 했다.

　목눌관 작업을 통해 목재의 한계를 뛰어넘어 무엇이든 해낼 수 있다는 확신을 통해 무수한 다양성을 시각적인 꾸밈으로 적나라하게 표현하려 하였다. 목재문화의 구태 의연한 사고방식에서 벗어나 목재문화의 패러다임을 바꾸기 위한 다각적인 예술로의 작품 공간을 창출하려 하였다. 평생을 다져온 전문성과 특수목의 깊은 이해를 통해 한치의 소홀함 없이 저마다의 개성을 살리는 디자인에 혼신의 힘을 다했다. 나의 작업 철학에 모토는 "밝은 마음"이었다 밝은 마음은 무엇이든 할 수 있다는 긍정적 정신을 바탕으로 30여 년 경력의 장인들과 조화로운 협업을 통해 장

Incheon, in the SY WOOD Exhibition Hall.

　As I have been running a lumber business for a long time, I wanted to pursue my own path in design and construction. As a CEO who was faithful throughout the process from raw wood to sawing, processing, manufacturing, production, design, and construction, I pursued an original design in the field of wood interior design as I have been comprehensively analyzing and independently developing special wood. At one time, I was awarded the Prime Minister's Award in recognition of such achievements.

　From the conception stage, I had to stand up for the characteristics of my design and my will, armed with the grandeur and delicacy of an orchestra conductor.

　Through the Moknulkwan construction, I attempted to express numerous diversities through visual decoration with the conviction that I could do anything beyond the limits of wood. I tried to create a space of a multi-faceted art to break away from the outdated and resolute way of thinking of wood culture and change its paradigm. Through my lifelong expertise and deep understanding of special wood, I've put in all my effort into the design that highlights each individuality without any negligence. The motto of my work philosophy was "a bright mind." Based on the positive spirit that a bright mind can do anything, I led the construction and worked in harmony with craftsmen with over 30 years of experience so that their hidden high skills can be fully demonstrated.

　Because Moknulgwan was a creation based on creative inspiration, there was no definitive final drawing for construction. Other than the basic master plan, there were only schematic detailed drawings. To

인들의 숨어있는 높은 솜씨가 유감없이 발휘되도록 공사를 지휘하였다.

　목눌관은 창조적 영감을 기초한 창작이었기 때문에 확정된 실시 도면이 없었다. 기본적인 마스터플랜 외엔 개략적인 디테일 도면이 있었을 뿐 현장 여건상 수시 변동 상황을 대처하기 위해서 신속한 현장 스케치 도면으로 발 빠른 시공을 독려해가며 1인 다역을 감래할 수밖에 없었다. 3년 동안 앉으나 서나 디자인 구상을 했고 디자인 공급과 다양한 소재 선택 등, 차질 없이 지휘 감독할 수 있었던 것은 선발된 유능한 장인들과의 소통이 원활했기 때문이었다. 밝은 마음으로 상부상조했던 것이다.

　목눌관은 무수한 디테일 도면(샵드로잉)이 생성되고 사멸되는 과정을 거쳤다.

　하나의 아이템을 완결시키기 위해 수많은 아이디어가 동원되고, 아이템별 창작성 디자인은 품격 있는 조화로움과 우아한 분위기, 중후한 멋을 표현하기 위해 상상 속의 디자인 꽃을 수없이 피우고 지웠다.

　오대양 건너 6대주 세계 각국에 분포되어있는 우수한 나무들을 선별 수입해 오면 그중에서도 특수한 나무(名木)들만 엄선하고, 용재로 발탁된 나무는 특수목재로써 숙성 과정을 거쳐서 건조 목재로 만든 후, 다시 용도별 분류 심사를 거쳐 정밀 제재, 정밀 가공 후 적재적소에 시공을 해놓고 도장(칠) 공사에 들어간다. 거친 면을 사포질하고 도료의 적합성을 고려해 내구성, 농도, 광택, 색상, 도장 횟수까지 결정해 줌으로써 일단락된 듯은 하나 마무리 과정이 기다리고 있다. 용모 뛰어난 화장을 시켜 놓은 격이니, 심사숙고해서 선택한 장식품을 부착해야만 비로소 금상첨화 작품이 완성된다. 여기에 아름다운 조명 등 불빛이 내려 비치면 우아한 세미클래식 스타일이 가미된 모던 인테리어 분위기 – 중후한 멋을 이끌어낸 실내장식 스타일로 예술적인 분위기를 연출해냈다. 이와 같이 수량으로 헤아릴 수 없는 수많은 작품들을 디자인, 가공, 제작, 시공감리, 감독 역할까지 해왔다.

　목눌관의 조성 내역을 개략적으로 정리해 보면, 50여 종의 특수목을 가지고 600여 개소가 넘는 실내건축 장식을 해내면서 겪은 시행착오를 통해 터득한 원칙, 조금 더 구체적으로 부연하자면 목재 종류가 다르고 고유한 색상 또한 판이하게 다르며 다양한 규격 등 천차만별인 이들로

respond to occasional changes in site conditions, it was inevitable to take on multiple roles alone while encouraging the prompt construction while providing quick site sketch drawings. It was possible to come up with design at every moment and supervise without any setbacks in design supplies and various materials selections over the 3 years, all thanks to the smooth communication with the talented craftsmen. We helped each other out with a bright mindset.

　Moknulgwan went through the process of creating and destroying countless detailed drawings (shop drawings).

　Numerous ideas were in play to complete one item, and the creative design for each item were created and discarded in imagination hundreds of thousands of times to express elegant harmony, exquisite atmosphere, and profound style.

　Once excellent trees from across the five oceans and six continents around the world are selected and imported, I would carefully select only the special trees (noble wood) among them. The wood selected as the raw material is a special wood that went through an aging process and is made into dry wood. It goes through a classification again based on use, polished and processed with precision, and then installed in the right place before painting begins. It seems to be completed for now by sanding the rough surface and deciding the durability, density, gloss, color, and number of coats in consideration of the suitability of the paint - but there is still a finishing process. It is like putting on great makeup, so it is only after careful consideration and wearing of selected ornaments that the magnificent piece of art is completed. Here, a beautiful lighting falls on to a modern interior atmosphere with an elegant semi-classical style. It created an artistic atmosphere with an interior decoration drawing out a profound sense of style. As such, I have been designing, processing, producing, and

조화를 이루어내기란 여간 쉽지 않았으나 이 복잡다단한 관계를 조율하기 위해서는 필수적 충분조건 – 창의적인 디자인 공급이 절대적이라는 것이었다. 고심에 고심이 깊어 갈수록 나는 의지를 다지고 생각을 다그치며 모든 걸 쏟아부었다. 결국 숲 속의 합창이 들려올 듯한 총화 체제의 목눌관은 특수목재와 장인들의 기술 능력과 수많은 관계자 들과 더불어 각고의 3여 년 세월이 더욱더 값진 것으로 생각된다. 목눌관은 이렇게 땀과 영감이 녹아내리는 고뇌를 통해 이루어졌음을 알리고자 한다.

목눌관(木訥館)은 거꾸로 인간과 나무가 만나 "자연이라는 아름다운 낙원," 자연의 새로운 세계를 펼쳐 보이는 장이 되고자 노력하였다.

오랫동안 나의 작업을 높이 평가해 주시고 목재문화 사업에 열과 성을 다하여 지원해 주신 에스와이우드(주) 문성렬 사장님, 출판 기획사 다다아트 노용주 대표님, 사진작가 이종수님, 송민호 교수님, 편집과 디자인을 맡아주신 정규호 박사님의 노고에 진정으로 감사드린다.

진흙밭 글 속에서 흑진주 한 알을 발견해 주시기를 바라면서 목눌관 스토리의 막을 내리고자 한다. 모든 분들의 건투를 빌면서–!

물향기수목원 산방에서–
소광 띄움

supervising construction of countless works.

Roughly summarizing the composition details of Moknulkwan, more than 600 interior architectural decorations were made with 50 types of special wood. In particular, it was not easy to achieve harmony with different woods in their unique colors and various sizes. To reconcile this complex relationships, creative design supply played a necessary role. The more I contemplated, the more I made up my mind and poured everything into it. In the end, Moknulkwan came to life as if it will sing the chorus of the woods, thanks to three years of hard work together with the special wood, the technical skills of the craftsmen, and the numerous people involved in the process, making it more valuable. I would like to let you know that Moknulkwan was accomplished through the effort and agony that eats away at inspirations.

Moknulkwan (木訥館) attempted to become a place where humans and trees meet and unfold a new world of nature, a "beautiful paradise that is nature."

Thank you very much for your hard work, President Moon Sung-ryeol of SY WOOD, CEO of Dada Art Noh Yong-ju, Photographer Lee Jong-soo, professor Song Min-ho and Dr. Jung Kyuho for editing and designing for me for a long time.

I would like to end the story of Moknulkwan in hopes that you will find a single black pearl in the mud of this writing. Wishing everyone the best of luck!

At Mulhyanggi Arboretum-
Soh Kwang

아우라 목눌관
Aura 木訥館

나무는 자연이다.
나무와 디자인의 만남은 자연과 인간의 만남을 의미한다
나무는 큰 꿈을 꾸었다.

나무와 반백년을 소통하여 온 나는 목재 예술의 꿈을 실현키 위해
창의적인 디자인을 했다 나무에 혼을 심었다.

건축 인테리어의 3원칙
- 보다 튼튼하게
- 보다 편리하게
- 보다 아름답게를 모토로 삼아왔던 나는
세계 최초로 신묘한 분위기(Aura)를 품고 있는 목눌관을 탄생시켰다.

목눌관은 세계의 다양한 명목들과 독창적인 디자인들이
아름다운 하모니를 이뤄내고 있는
초유의 창작품, '목재인테리어 전시관'이다.

꿈결같은 아우라를 꽃피워낸 목눌관은
특수한 나무들의 오케스트라 분위기를 창출해 냄으로써
명실상부한 '목재 예술의 전당'이 되었다.

나는 생각한다
창의적인 디자인은 인간 세상의 패러다임을 바꾼다.
목눌관은 목재 문화의 패러다임을 바꿨다.

Aura Moknulkwan

Tree is the nature.
Tree meeting the design means the nature meeting human
The tree had a big dream.

Having communicated with trees for half a century, I planted my soul to a
tree through my unique design
to make the dream of tree art come true.
I have set the 3 principles of architecture interior as my motto:
- Sturdier
- More convenient
- More beautiful
and created Moknulkwan, the first in the world with mysterious aura.

Moknulkwan is the first 'wooden interior exhibition hall'
where world's various noble woods and creative designs
are creating beautiful harmony.

Blossomed with dreamy aura,
Moknulkwan created the orchestra of special trees
to become the 'Wood Arts Center' worthy of its name.

I believe
Design changes the paradigm of human world.
Moknulkwan changes the paradigm of wood culture.

PART 1

목눌관을 만나다
Meeting Moknulkwan

木訥館

剛毅木訥近仁
강의목눌근인

"강하고 굳세고, 질박하고 語訥어눌함이 仁인에 가깝다" – 논어 자로편
"being strong, firm, plain, and inarticulate is close to being benevolent" – Analects of Confucius

剛
굳셀 강

"덕성이 견고하여 욕심에 사로잡히지 아니하고"
"Being strong and not succumbing to lust"

毅
굳을 의

"강인하여 하기 어려운 것을 능히 하고"
"Being firm and easily achieving difficulties"

木
나무 목

"성행이 질박하여 화미(華美)한 것을 삼가고"
"Acting plainly and abstaining from frivolousness"

訥
말더듬을 눌

"말이 지둔(遲鈍)하여 묵중하므로 이모두가"
"Being inarticulate and quite, so all these"

近仁
가까울 근 어질 인

"어질 인에 가깝다"
"are close to benevolence"

굳셀 강 Gang - Strong

"덕성이 견고하여 욕심에 사로잡히지 아니하고"

목눌관의 중후한 현관문을 열고 들어서는 순간 공간을 가득 메운 향기로운 목향이 느껴진다. 은은한 조명 속에 펼쳐지는 EBONY와 웅장한 티크 아치 문의 다채로운 패턴들은 우리의 시선을 유도하며 자연스럽게 나무의 본성에 다가서게 한다. 레드 카펫을 상징하는 정열적인 붉은색 부빙가 마루와 비치 라운드 천정으로 이루어진 복도와 변형 없는 탄화 오크, 레드 오크, 히노끼와 구로스기로 이루어진 사무공간은 목조 건물의 견고함과 단아한 분위기를 조성하며 짙은 목향과 함께 신비한 목재의 아름다움에 빠져들게 한다.

"Being strong and not succumbing to lust"

The moment you open the heavy door of Moknulkwan and enter, you can feel the fragrant tree smell that fills up the space. The diverse patterns of ebony and teak arch under the ambient lighting leads our gaze and gets us naturally closer to the nature of trees. The passionate red bubinga floor representing red carpet, corridor with beech round ceiling, and office space made with non-deforming carbonized oak, red oak, hinoki, and kurosugi create the firmness of a wooden building and the elegant atmosphere, letting you fall into the beauty of mysterious wood along with deep wooden scent.

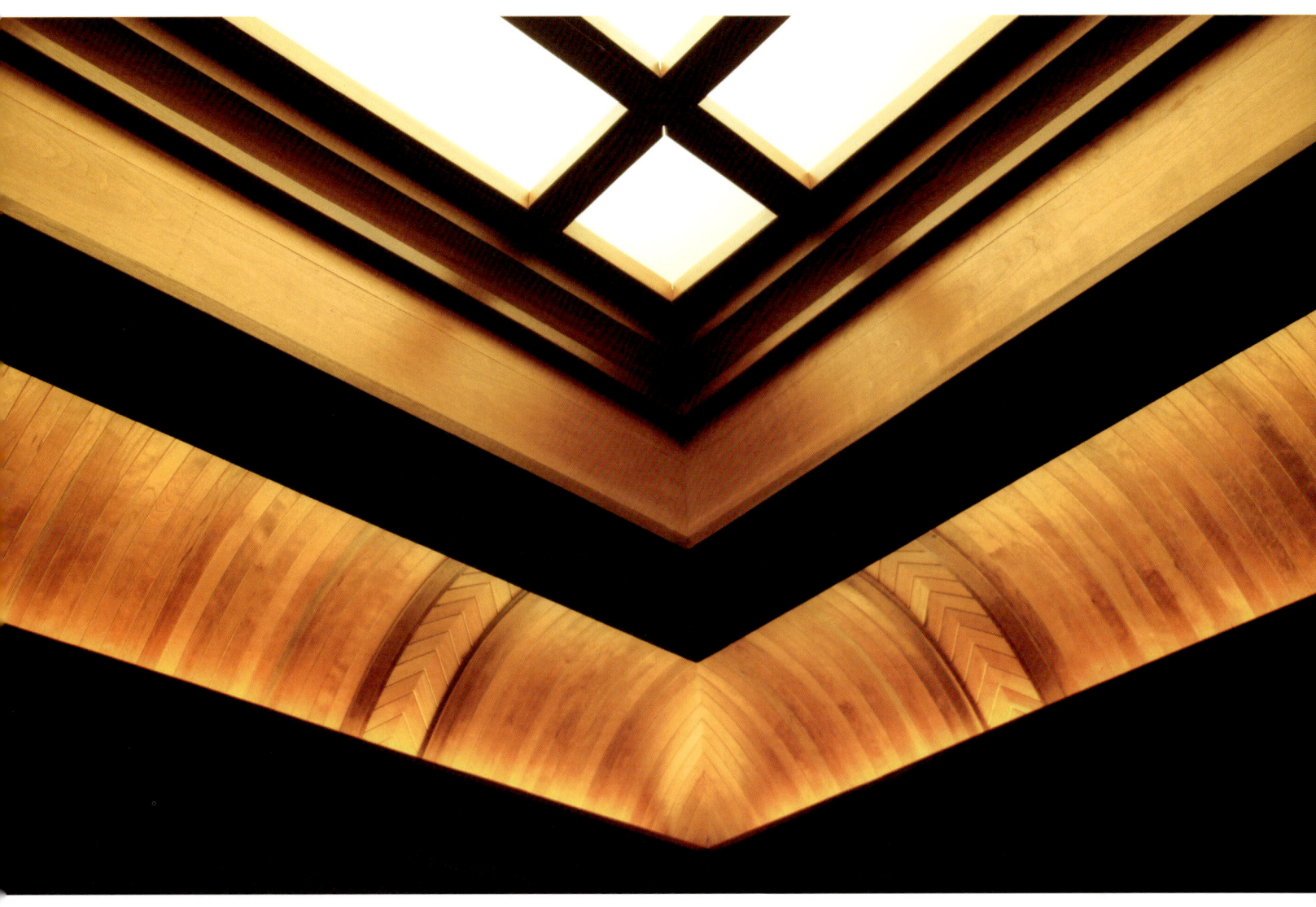

중앙홀 천장의 진갈색 샤벨 등 박스 프레임과 황혼색 체리목으로 감아올린 간접등 박스의 조화가 절묘하다.
등을 밝혔을 때 천장에서 쏟아져 내리는 불빛과 간접등 불빛이 체리목을 타고 오르며 오묘한 황금빛을 발산한다.

The harmony of the central hall ceiling lighting box made of a dark brown shabel frame and an indirect lamp box wound around twilight cherry wood is exquisite.
When the light is lit, the lights pouring down from the ceiling and the indirect light rise up the cherry tree, giving off a mysterious golden color.

毅
굳을 의 Eui - Firm

"강인하여 하기 어려운 것을 능히 하고"

샤벨(아프리카산), 아폴로 모샤, 비치로 구성된 중앙홀은 응접실 겸 파티 공간을 염두에 두어, 바닥, 천장, 4면 벽의 수종과 디자인을 각각 다르게 하여 예술적인 우아한 공간으로 꾸몄다. VIP룸은 티크(미얀마산), 월넛, 자토바 같은 최고의 목재를 사용해 고급스러운 한식 분위기의 실내장식과 43개소의 예술적인 창호와 함께 6면을 티크 위주로 꾸며진 공간으로써 목재의 성질이 강인하면서도 가공이 쉬워 디자인의 무한한 가능성을 보여 준다.

"Being firm and easily achieving difficulties"

The Center Hall composed of sapele (African), Afromosia, and beech was designed as a reception room as well as a party room. It used different trees and design for the floor, ceiling, and 4 walls, making it an artistically elegant space. The VIP room is decorated with the finest woods, such as teak (from Myanmar), walnut, and jitoba, with a luxurious Korean-style interior decoration. The space features 43 artistic windows and 6 sides mainly decorated with teak. The wood is firm yet easy to process, showing the infinite possibilities of design.

중앙홀 전면에는 아프리카산 샤벨 나무로 제작된 아치형 쌍둥이 문이 의연하게 자리잡고 있다.
두 문 사이에는 비상할 듯한 아트 창문이 벽체를 아름답게 장식하고 있다. 마름모꼴 바닥 문양은 메이플 나무와 체리 나무
그리고 샤벨 나무로 정교하게 짜맞췄다. 아트 창문 앞에 놓인 고급스러운 황금색 탁자는 괴목(느티나무) 우드슬랩으로 만들었다.

At the front of the Center Hall, the twin arch gates made of African sapele are standing with dignity.
Between the two doors, an art window that seems like it would soar into the air beautifully decorates the wall.
The rhombic floor pattern is exquisitely crafted from maple, cherry, and sapele woods. The elegant golden table in front of
the art window is made of zelkova wood slab.

나무 목 Mok - Tree

"성행이 질박하여 화미한 것을 삼가고"

목눌관의 중앙을 이루는 응접실과 월넛룸은 다양한 목재들을 쓸모를 달리하여 요소요소에 적합하게 적용해 목조주택의 창의적 묘미를 느낄 수 있다. 응접실의 벽체는 구루미를 벽돌쌓기 했으며 천장은 우물 정(井) 모양의 대범한 모던 스타일로 장식했다. 특히 폐목재로 제작한 대형 벽난로가 백미를 이룬다. 응접실과 월넛룸 사이의 낭하(廊下)는 마호가니 아치 문과 박공 천장으로 디자인했다. 월넛 룸은 천정을 파고 오른 큰 8각 정자 지붕형 등박스, 8각 문양의 바닥 마루, 6면 전체를 진브라운 컬러로 실내장식하여 한국풍과 유럽풍의 절묘한 조화를 이루며 고품격의 서가 및 대화 공간을 조성한다.

"Acting plainly and abstaining from frivolousness"

Forming the center of Moknulkwan, the Reception Room and Walnut Room use various woods for different uses and apply them appropriately to each element, letting the viewers feel the creative charm of a wooden building. The walls of the Reception Room were made of bricks of kurumi, and the ceiling was decorated in a bold modern style in the shape of a hash. In particular, a large fireplace made of waste wood is the highlight. The corridor between the Reception Room and the Walnut Room is designed with mahogany arch doors and gable ceilings. The Walnut Room is decorated with a large octagonal lamp box with pavilion roof shape dug into the ceiling and an octagonal patterned floor. Also, all six sides are decorated in dark brown color to create an exquisite harmony between Korean and European styles, serving as a high-quality library and conversation space.

말 더듬을 눌 Nul - Inarticulate

"말이 지둔(遲鈍)하여 묵중하므로 이 모두가"

목눌관의 중앙홀로 부터 응접실과 월넛룸을 가로지르는 낭하를 거쳐 끝에 다다르면 목눌관의 절정에 이르는 관문인 우주관에 이르게 된다. 1·2층을 관통해 10여 m에 높이에 이르는 천장 위에는 돔 형식의 샹들리에 박스가 있고 그 주위의 와선 패턴의 디자인은 은하계를 연상시킨다. 즉 우주는 생성과 소멸의 영적 물적 무한 고리로 연결된 공간이며 모든 소통의 관문이다. 따라서 이곳에는 다른 세계로 연결되는 여러 문들이 있으며 다양한 수종과 디자인의 총합적 집합체를 보여주며 목재 건축의 화려하고 장엄하지만 결코 과하지 않는 조화로움이 신비롭다.

"Being inarticulate and quite, so all these are"

From the Center Hall of Moknulkwan and passing through the Reception Room and the corridor that crosses the Walnut Room, you reach the Cosmic Hall, the gateway to the climax of Moknulkwan. There is a dome-shaped chandelier box on the ceiling that goes through the 1st and 2nd floors to reach a height of 10 m, and the spiral pattern design around it reminds of the Milky Way. That is, the universe is a space connected by infinite spiritual and physical links of creation and extinction as well as the gateway to all communication.

Therefore, there are several gates that lead to other worlds in this place, demonstrating the total aggregation of various species of trees and designs. The splendid and majestic harmony of the wooden architecture remains mysterious.

웅장한 '생명의 문'을 올려다보는 관람자의 시선은 은하계를 상징한 듯한 우주관의 천장과 만난다. 우주관 2층 오크룸의 창밖을 보면 맞은편의 아폴로룸과 생명의 문을 넘어 심포니홀의 2층 회랑의 모습이 조화롭게 펼쳐진다.

The viewer's gaze looking up at the awesome grand 'Gate of Life' meets the ceiling of Cosmic hall, which seems to symbolize the galaxy. If you look out the window of the Oak Room on the 2nd floor of Cosmic hall, you can see Apollo Room on the opposite side and the corridor of on the 2nd floor in Symphony Hall beyond the Gate of life harmoniously .

우주관에는 아프리카산 마호가니 나무로 제작된 아치형 조각 문틀과 사각 유리문이 있다. 문틀을 싸고 도는 모서리 굴림 벽체, 정교하게 쌓아 올린 나무벽돌의 입체감이 두드러진다. 나무벽돌은 원목을 일일이 켜고 자르고 깍아서 만들었다. 마호가니의 고운 진갈색 나뭇결 문과 문틀은 우주관을 더욱 돋보이게 만든다.

Cosmic Hall features a carved arch doorframe of African mahogany and a square glass door. They highlight the wall with rounded corners that surround the doorframe and the three-dimensional effect of the elaborately stacked wooden bricks. The wooden bricks were made by sawing, cutting, and carving individual bricks. The fine dark brown wood grain of mahogany and the doorframe make Cosmic Hall stand out even more.

가까울 근 Geun - Near

"가까워지다"

목눌관의 우주관과 심포니홀을 연결하는 6m 높이의 메인 게이트는 그 크기와 웅장함에서 거대한 거인국의 성문처럼 느껴져 이곳을 통과하는 이들은 스스로 자신을 한없이 작은 존재로 인식해 겸손하고 숙연하게 만드는 마력을 지녔다. 월넛 판재를 하나씩 이어 붙여 우주의 생명력을 문양으로 표현하여 거대한 고목이 숲의 생명력을 품고 있는 모습이다.

이 문을 통해 들어가면 고급 목재들의 향연이 펼쳐지는 심포니홀에 다다른다. 2층으로 된 심포니홀은 신비를 가득 담은 피라미드룸을 중심으로 대칭 구조의 나무계단과 2층 회랑 그리고 여러 룸들과 연결되며 인간의 상상을 뛰어넘는 신비로움을 가까이에서 체험하게 된다.

"getting close"

The 6m-tall main gate that connects Moknulkwan's Cosmic Hall and Symphony Hall feels like the gate of a giant nation in its size and grandeur. The gate has the magical power that makes those who pass through it would perceive themselves as infinitely small beings and feel humble. Attaching walnut boards one by one to express the vitality of the universe in a pattern, it represents a giant old tree harboring the vitality of the forest.

Once you enter through this door, you'll arrive at the Symphony Hall where a harmony of high-quality woods unfolds. The two-story Symphony Hall is connected to the symmetrical wooden staircase, the 2nd-floor corridor, and other rooms with a mysterious Pyramid Room at the center, and you can experience the mystery beyond human imagination up close.

우주관과 심포니홀은 '생명의 문'이 가로막고 있다. 비록 '생명의 문'이 굳건히 닫혀있더라도 그 위에는 우주관과 심포니홀을 관통하는 커다란 구멍이 있으며, 그 곳을 통해 우주의 기운이 두 공간을 자유롭게 넘나들며 생명의 비밀을 공유하는 듯 하다.

The 'Gate of Life' divides Cosmic Hall and Symphony Hall. Even though the 'Gate of Life' is firmly closed, a big hole connects both Halls, through which the cosmic energy freely flows between the two spaces and shares the secret of life.

어질 인 In - Benevolent

"어짊(仁)에…"

목눌관의 클라이맥스인 심포니홀은 1층과 2층이 전부 목재 구조와 장식들로 이루어졌으며 이들을 은은한 빛으로 감싸는 적절한 조명은 인테리어와 어울려 한편의 아름답고 웅장한 심포니 연주를 듣는 듯하다. 튀는 듯 보이나 튀어나오지 않고 모난 듯 보이나 모나지 않으며 나무색(色) 한가지 뿐이나 다채롭고 화려하다. 심지어 방문자의 말소리 발소리마저 적절히 흡수해 조용하고 아늑하다. 목재 건축의 궁극적인 아름다움과 실용성이 이곳에서 드러나 정점을 찍는다. 공자가 말한 "剛毅木訥近 강하고 굳세고, 질박하고 語訥어눌함이 仁인에 가깝다"의 말뜻이 이곳에 이르러 비로소 완성된다.

"to belevolence…"

The Symphony Hall, which is the climax of the Moknulkwan, consists of wooden structures and decorations on both the 1st and 2nd floors. The soft, adequate lighting that surrounds the interior is as if you are listening to a beautiful and magnificent symphony. It seems to stand out but not, and seems to be sharp but not, and it only has wooden color, yet colorful and splendid. Even the voices and footsteps of visitors get adequately absorbed, making the room quiet and cozy. The ultimate beauty and practicality of wooden architecture is revealed and reaches its highest here. The meaning of the words of Confucius, "Strong, firm, plain, and inarticulate is close to benevolence" is finally completed at this location.

웅장한 6m의 '생명의 문'이 열리면 교향곡이 울려 퍼질 듯한 예술적인 공간인 심포니홀이 전개된다.
홀 우측에 캐나다산 메이플 나무(단풍나무)로 제작된 라운드 계단실과 1, 2층 낭하가 동시에 보인다.
1층 낭하 8각 기둥 위 아치 벽면에는 다이아몬드형 입체 조각이 박혀있다.

Once the grand six-meter-tall 'Gate of Life' opens, Symphony Hall, the artistic space where a symphony might resound, unfolds in front of you. On the right side of the hall, you can see both the round staircase made of Canadian maple wood and the stairwell of the 1st and 2nd floors. The wall of the arch above the octagonal column on the 1st-floor stairwell is embedded with a three-dimensional diamond-shaped sculpture.

가공되지 않은 흑갈색 미국산 블랙 월넛(호두나무) 제재목 원판을 높게 이어 붙인 벽면은 6m 높이의 '생명의 문'과 어우러져 짙은 갈색 톤의 중후한 멋을 자아내고 있다.

The wall, which is made of raw black American black walnut wood, is high in connection with the 6m-high 'Door of Life' to create a dark brown-toned, heavy style.

PART 2

목눌관을 말하다
Speaking Moknulkwan

평면도 Floor plan

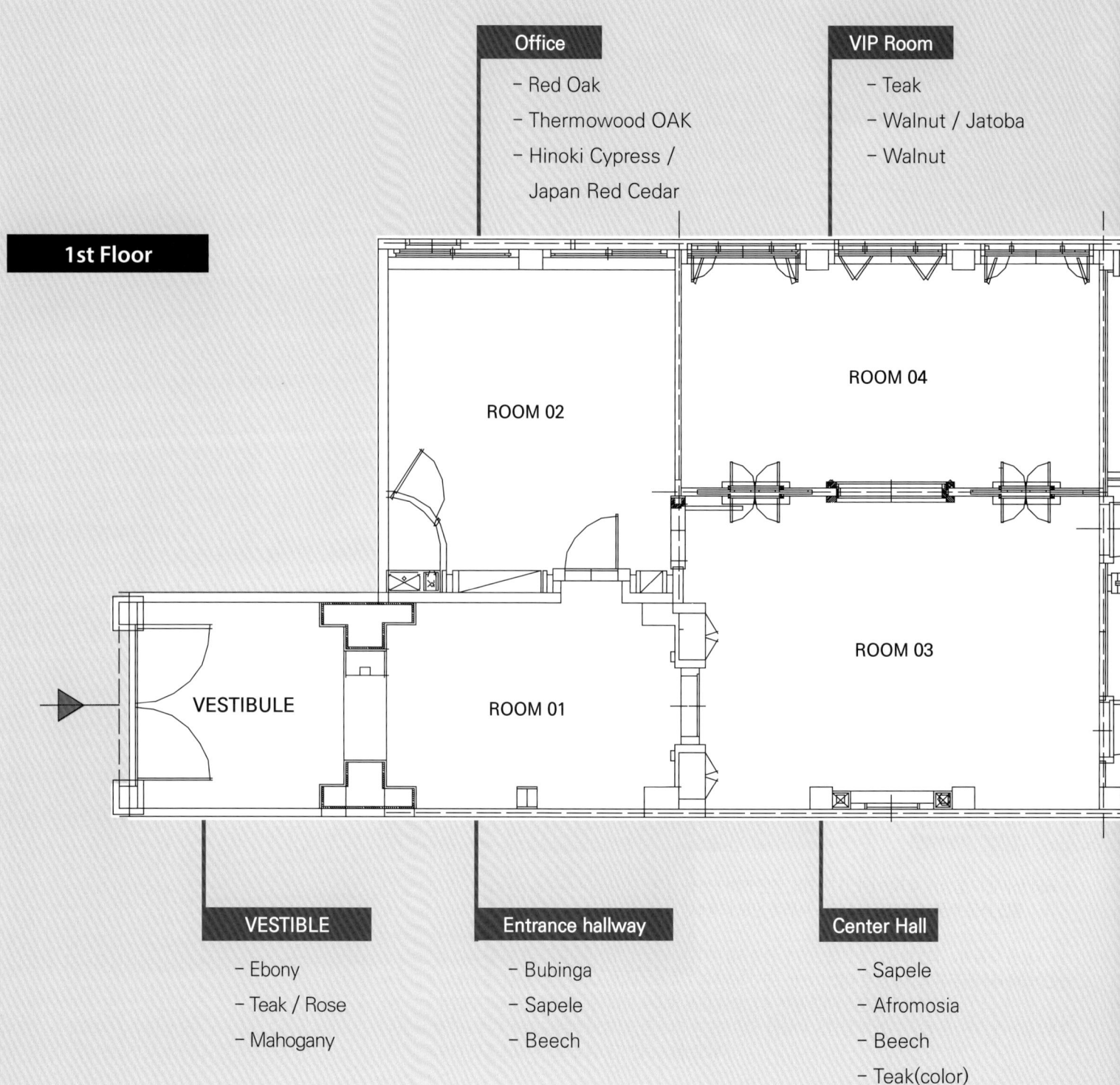

1st Floor

Office
- Red Oak
- Thermowood OAK
- Hinoki Cypress / Japan Red Cedar

VIP Room
- Teak
- Walnut / Jatoba
- Walnut

VESTIBLE
- Ebony
- Teak / Rose
- Mahogany

Entrance hallway
- Bubinga
- Sapele
- Beech

Center Hall
- Sapele
- Afromosia
- Beech
- Teak(color)

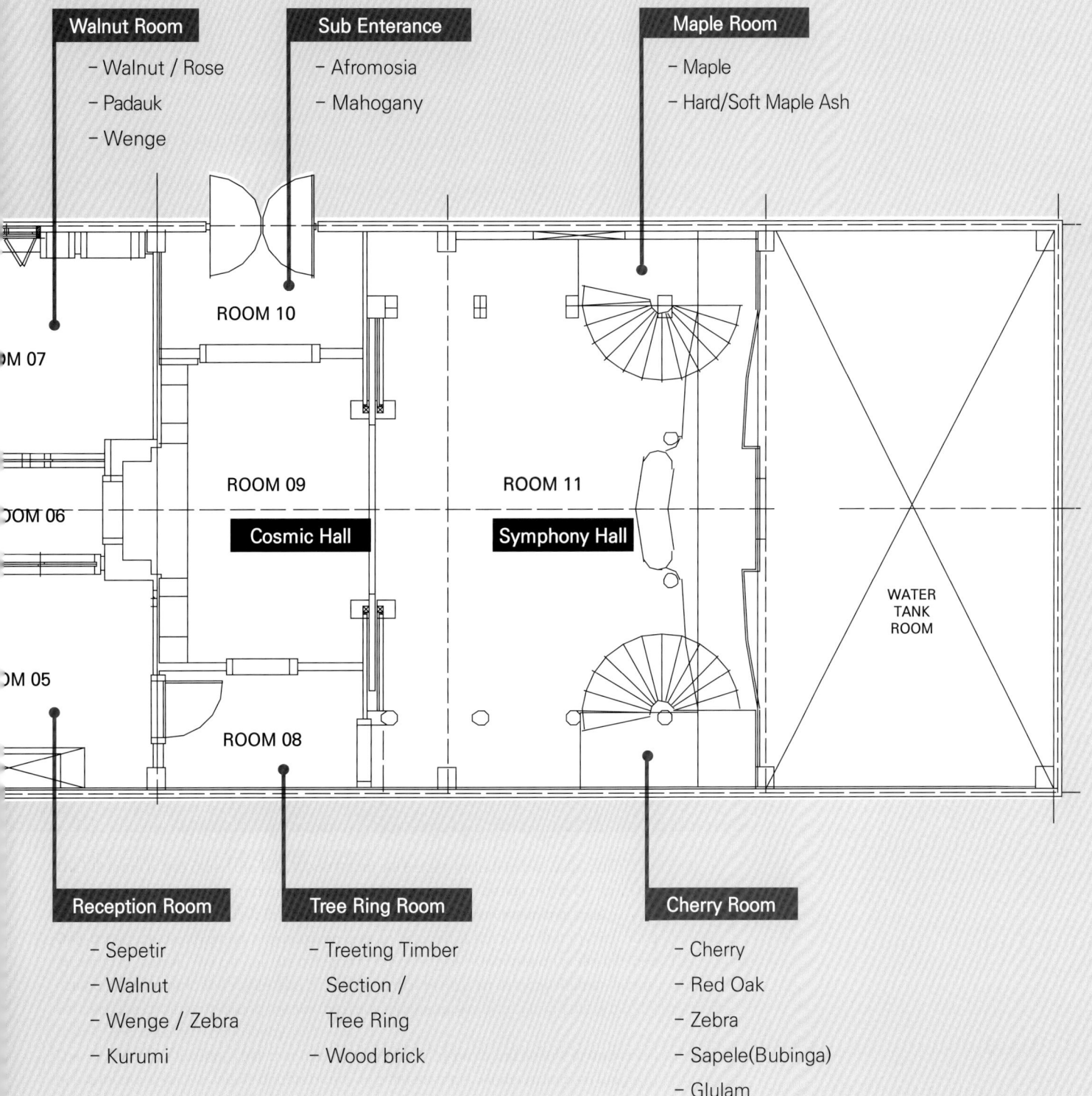

평면도 Floor plan

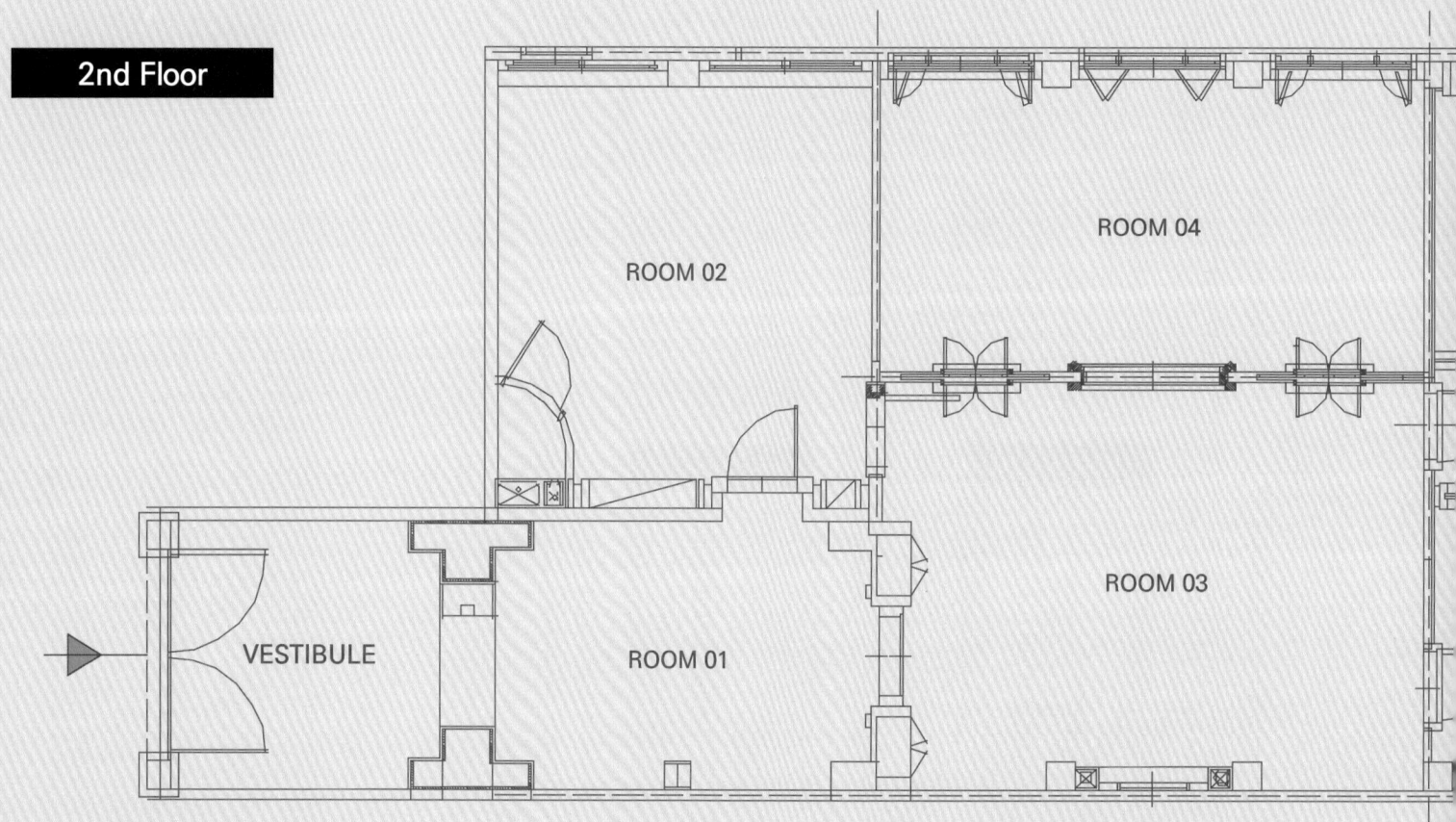

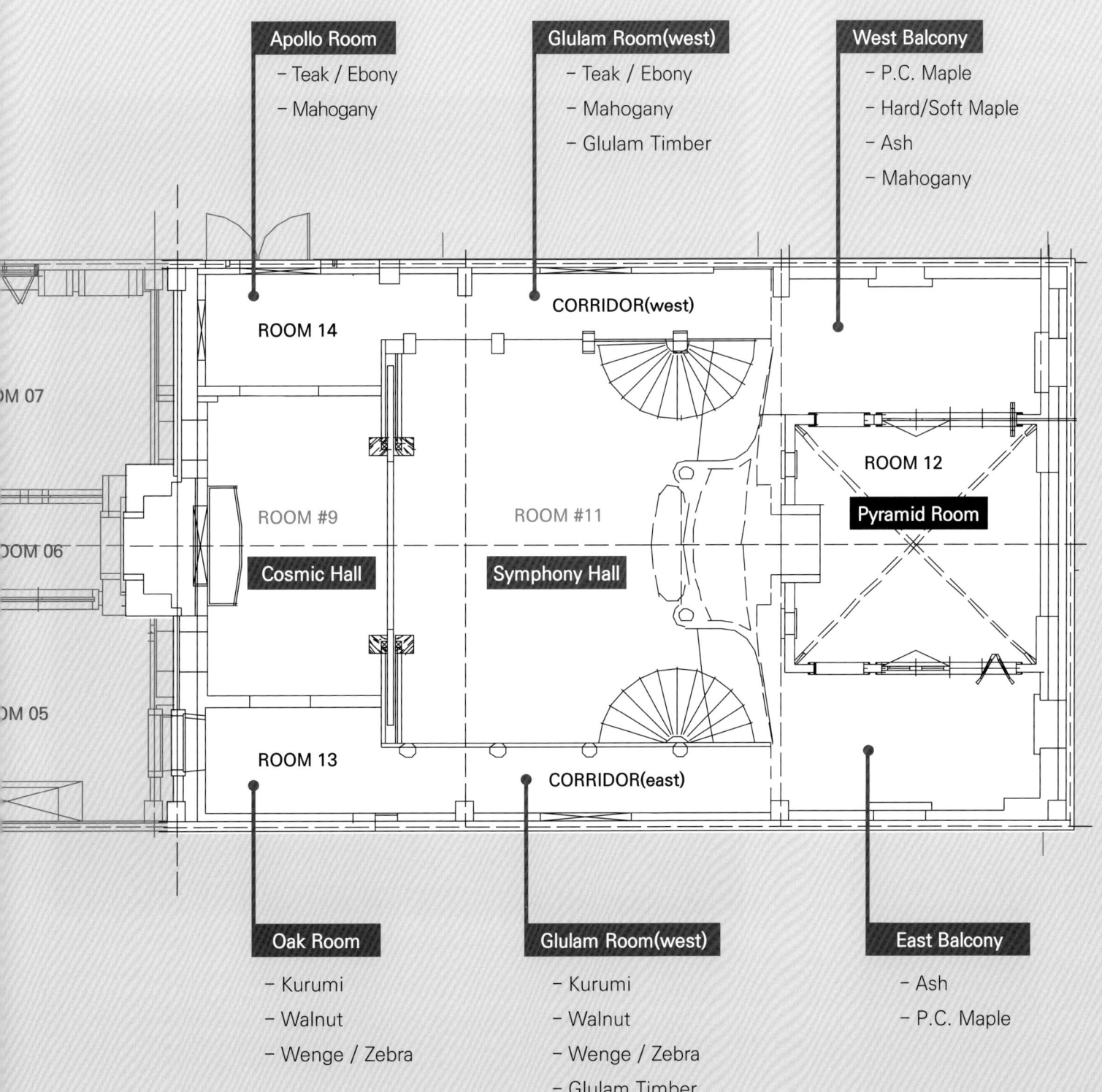

VESTIBULE

현관

수종 Species
이페, 티크, 흑단 외
Ipe, Teak, Evony etc.

원산지 Origin
남아메리카, 브라질, 인도,
인도네시아, 미얀마,
동남아시아 등
South America, Brazil,
India, Indonesia, Myanmar,
Southeast Asia, etc.

용도 Use
고급주택 내외장재, 고급가구재,
조각재, 공예작품재 등
Luxury house interior and
exterior materials, luxury
furniture materials, sculpture
materials, crafts materials,
etc.

현관 대문(주 출입구)
검붉은 색조를 띤 현관 대문은 목눌관의 주 출입문으로 유럽풍의 모던 스타일과 우리 태극 문양의 곡선을 살려 디자인하였다. 또한 우리 전통 대문의 문빗장 장식을 사용하였다.
대문의 소재는 돌같이 단단하고 내구성이 반영구적인 브라질산 이페(Ipe)를 사용하였다. 나무 고유의 색과 질감을 살려 묵직하고 웅장한 느낌을 주었다.

Entrance Gate (Main gate)
The dark red entrance gate is the main entrance to the wooden house. It was designed with the modern European style and the curve of the Korean Taegeuk pattern. It also used the door latch decoration of Korean traditional gate.
The material for the gate is Ipe from Brazil, which is as hard as stone with semi-permanent durability.
It gives off a heavy and majestic vibe with the unique color and texture of wood.

내 현관 중대문
문빗장을 풀고 육중한 대문 안으로 들어서면 마치 개선문을 우뚝 세워 놓은 듯한 황금빛 대형 아치 구조물과 양개문이 한눈에 들어온다. 바로 내 현관 중대문(중문)이다.
목눌관에 입장하는 중대문의 위상을 높이고자 최고의 명목인 40년 숙성 미얀마산 티크(Teak) 원목을 돌처럼 다듬어 아치형 성벽처럼 쌓아 올렸고, 양면이 각기 다른 디자인과 장인의 세공으로 마무리하였다.

Inner Entrance Gate
When you unlock the latch and enter through the giant gate, you see the large golden arch structure that look like the Arc de Triomphe and double gates. This is the inner gate of inner entrance.
To elevate the status of inner gates to the Moknulkwan, the best 40-year-old teak from Myanmar was polished like a stone and stacked like an arched castle wall, and both sides were finished with different designs and craftsmanship.

화장실 문과 다이아몬드 장식
현관 안쪽 측면에 위치한 화장실 출입문은 다이아몬드 문양으로 장식한 최고급 흑단(Ebony)으로 제작해 은은히 내려비치는 조명등 불빛 아래서 보면 까만빛 보석 같은 문양이 별빛처럼 반짝인다.

Bathroom Door and Diamond Ornaments
The bathroom door at the inner side of the front door is made of the finest ebony decorated with diamond patterns.

ROOM 01

내 현관 복도
Inner Enterance

수종 Species	원산지 Origin	용도 Use
티크, 웬지, 부빙가, 마호가니, 비치 Teak, Wenge, Bubinga, Mahogany, Beech.	동남아시아, 서아프리카, 남아메리카, 호주, 독일 등지 Southeast Asia, West Africa, South America, Australia, Germany, etc.	고급건축 내장재, 고급가구재, 마루재, 공예재, 조각재 등등 High-quality materials of interior, furniture, floor, crafts, sculpture, etc.

내 현관 중문을 활짝 열고 들어서면 긴 복도 전경이 펼쳐진다. 붉은 아프리카산 부빙가(Bubinga)로 갈매기형 헤링본(Herringbone) 시공한 마룻바닥은 레드카펫을 연상시키며 맞은편에 우람하게 설치된 부빙가 문짝과 맞닿는다. 중문을 중심으로 양쪽 벽면은 짙은 갈색의 마호가니와 연갈색의 비치목을 수평으로 반복해서 쌓아 올렸다. 남미산 고급 목재 마호가니는 단단하고 연마하면 촉감이 부드럽다. 검붉은 색상이 따뜻하고 고풍스러운 느낌을 준다.
복도 및 중문 상부 천장은 난이도 높은 라운드 형태와 각기 다른 배열로 수평패턴의 벽면과 대비를 이루도록 디자인하였다. 독일을 비롯한 유럽산 참나무과의 낙엽활엽수 교목으로 단단하고 강한 비치는 목리가 선명하지 않아 우아한 연갈색 베이지 톤의 고상한 분위기를 자아낸다. 단단하고 강하며 착색 및 탈색이 용이하다. 중문 양측의 벽면은 연갈색 비취 판재를 정밀가공해 취부하여 적갈색 부빙가 중문과 대비를 이룬다.

There is a long corridor when you open the inner door. The hardwood floor is made of red African bubinga with chevron herringbone and reminds you of a red carpet, reaching the boldly installed bubinga door on the opposite side. Centering on the inner door, the walls on both sides are repeatedly arranged with dark brown mahogany and light brown beech in horizontal patterns. A premium wood from South America, mahogany is hard and soft to the touch when polished. Its dark red color gives a warm and vintage feeling.
The corridor and the upper ceiling of the inner door are designed to be contrasted with the horizontally patterned wall in a complicated round shape and unique arrangements. It is a deciduous broad-leaved tree of the oak family from Germany and Europe, and the hard and strong beech has faint grains, creating a noble atmosphere of elegant light beige tones. It is hard and strong, and it is easy to color and discolor. The walls on both sides of the inner gate were processed in detail and attached with light brown jade plates, emphasizing the contrast with the reddish brown bubinga door.

내 현관 중문
아프리카산 부빙가로 제작한 중문의 문짝과 문틀.

Inner Entrance Door
Inner door and doorframe made with African bubinga.

내현관 중대문 후면
문짝의 울거미는 40년 숙성 미얀마산 티크(Teak), 알판은 흑갈색 아프리카산 웬지(Wenge)를 사용해 골든 톤과 블랙 톤이 조화를 이루도록 제작하였다.

Back of the Inner Entrance Gate
The teak door from Myanmar aged for 40 years utilizes black-brown African wenge to harmonize the golden and black tones.

사무실 입구 바닥
사무실 입구 바닥은 자연스러운 친근함을 유지하기 위해 네 가지 수종의 나무를 모아 모자이크 공법으로 시공하였다.

Office Entrance Floor
To maintain a natural intimacy, the floor at the entrance to the Moknulkwan's office was constructed using a mosaic method of four types of trees.

ROOM 02

사무실
Office

수종 Species
탄화오크, 화이트 오크, 삼나무, 편백나무
Carbonized oak, White oak, Cedar, Cypress

원산지 Origin
한국, 일본, 동남아, 미국 등
Korea, Japan, Southeast Asia, America, etc.

용도 Use
고급건축 내장재, 고급가구재, 마루재, 공예재, 조각재 등
High-quality materials of interior & outterior, furniture, floor, crafts, sculpture, etc.

창문과 창틀
레드 오크 창틀과 창문(격자살+교각살)이다. 격자형 창살을 수직과 사선으로 겹쳐 디자인하여 벽장식 루버와 일체감을 주었다.

Window and Windowsill
Red oak windowsill and window (lattice + bridge frames).
The grid frame overlaps vertically and diagonally, giving a sense of unity with the wall decoration louver.

사무실은 디자인실, 상담실, 사무 공간으로 사용할 목적으로 개성 있게 꾸몄다. 인테리어 소재는 흑갈색 탄화목과 향기 있는 갈색 삼나무(구로스기)와 아이보리 색상의 편백나무(히노끼)를 선택했다. 천연목에 고온과 증기압을 이용하여 고열 처리한 탄화목은 탄화 과정에서 어떠한 물질도 첨가하지 않은 친환적 목재로 변형이 거의 없는 특수목이다.
위에 열거한 향기 있는 좋은 나무들로만 근무 환경을 조성하였다.

The office is uniquely decorated for the purpose of using it as a design room, consulting room, and office space. Black-brown carbonized wood, fragrant brown cedar (Kurosugi) and ivory cypress (hinoki) were selected as the interior material. Went under high heat treatment using high temperature and vapor pressure on natural wood, carbonized wood is eco-friendly in that it has not added any substances during the carbonization process, and it is a special wood that rarely deforms.
Only the trees with great fragrance were used to create the working environment.

천장 등 박스

진갈색의 탄화 목과 연갈색의 레드 오크로 정교하게 짜인 천장 고급 등박스.

Ceiling Lamp Box

A luxurious ceiling lamp box, elaborately woven from dark brown carbonized wood and light-brown red oak.

삼나무 벽 장식 루버

삼나무(Cedar)는 캐나다, 미국 서부, 일본 지역에 분포하며, 해충이나 각종 균에 강하며 향이 머리를 맑게 해주고 집중력을 높여준다. 활동성과 창의성을 발휘해야 하는 공간이므로 안정감은 물론 약간의 긴장감과 역동성을 부여하기 위해 사무실 벽체에 적삼목 루버를 취부하고 그 위에 사선으로 탄화오크를 몰딩해 장식하였다.

Cedar Wall Decoration Louver

Cedar is distributed in Canada, the western part of the United States, and Japan. It is strong against various pests and bacteria, and its fragrance clears your head and increases concentration. Since office is a space that requires activity and creativity, red cedar louvers were installed on the walls and carbonated oak was molded diagonally to give stability as well as a little tension and dynamism. Design Room decoration cabinet ceiling lamp box window and windowsill.

ROOM 03

중앙홀
Central Hall

수종 Species	원산지 Origin	용도 Use
티크, 느티나무(괴목), 아프로모시아, 샤벨, 체리, 오동, 부빙가, 메이플 등 Teak, Zelkoba, Apromosia, Shabel, Cherry, Odong, Bubinga, Maple, etc.	한국, 동남아, 아프리카, 브라질, 쿠바, 온두라스, 캐나다, 미국 Korea, Southeast Asia, Africa, Canada, America.	고급건축 내장재, 고급가구재, 마루재, 공예재, 조각재 등 High-quality materials of interior & outterior, furniture, floor, crafts, sculpture, etc.

기하학적 무늬의 원목 마루

원목 마루는 미적 요소는 물론 마모성, 내구성, 변형성, 안전성과 친환경적인 요소까지 고려해 선택한다.
체리+메이플+샤벨을 사용한 목눌관 중앙홀 마루는 그림처럼 아름답게 디자인되어 조형미가 돋보이는 작품이다.

Geometric Wood Flooring

Wood flooring is selected considering not only the aesthetic factors but also abrasion, durability, deformability, safety, and environment-friendliness. The wooden floor of the Center Hall using cherry, maple, and sapele is beautifully designed like a painting, standing out for its formative beauty.

붉은색의 고상한 부빙가 나무가 레드 카펫식으로 깔려 있는 복도를 지나 우람한 입체 문양의 부빙가 문을 열고 들어서면 대형 응접실 겸 파티 공간인 중앙홀이 전개된다.
세계적으로 유례가 없는 목조 인테리어 전시관인 목눌관의 중앙홀은 현관 복도와 마찬가지로 아프리카산 샤벨(SAPELE), 아프로모샤, 비치 등의 목재들로 꾸민 응접실 겸 파티 공간으로 바닥, 천정, 4면 벽의 수종과 디자인이 각각 다르다. 특히 천정과 등 박스, 창호 10개 소의 디자인은 독창적인 아이디어로 아름답고 우아한 공간을 창출하였다.

Passing through the hallway with elegant red bubinga tree lined up like a red carpet and opening the bubinga door with a luxurious three-dimensional pattern, you enter the Center Hall, a large reception room and a party space.
The Center Hall of Moknulkwan, the wooden interior exhibition hall that's first of its kind in the world, is a reception room and party space decorated with woods from Africa such as sapele, Afromosia, and beech, just like the entrance hallway. Each tree species and design are different for floor, ceiling, and four walls. In particular, the design of the ceiling, lamp box, and 10 windows created a beautiful and elegant space with new ideas.

천장 조명 등박스
목늘관 중앙홀 천장의 고급 조명 등 박스. 체리 우드로 짜인 등 박스와 짙은 톤의 4각 격자형의 샤벨 등 박스 프레임은 현대적이며 고급스럽다. 중심부의 직접 등과 더불어 주변을 감싸고 있는 간접 등에 비친 샤벨은 강렬한 황금색으로 주변을 물들이며 중앙홀의 분위기를 한층 고급스럽고 밝고 우아하게 만든다.

Ceiling Light Lamp Box
A high-quality lighting lamp box on the ceiling of the Center Hall of Moknulkwan. The box frame is modern and luxurious with the cherry wood back box and the dark tone quadrilateral lattice sapele. The sapele reflected in the direct light in the center and the indirect light surrounding the periphery colors the surroundings with intense gold, making the atmosphere of the Center Hall more luxurious, bright, and elegant.

오동나무 붙박이장
부빙가를 사용한 중앙홀의 중문 양측에는 오동나무로 만든 붙박이장 좌우 한쌍이 있다. 검게 착색한 오동나무 붙박이장은 투박한 자연미와 단순미를 가진다. 오동나무는 우리 조상 대대로 사랑하는 딸을 시집 보낼때 장롱을 짜서 보내려고 앞뜰에 심었던 나무이다.

Paulownia Wardrobe
There are a pair of built-in wardrobes made of paulownia wood on the left and right of the inner door of the Center Hall made of bubinga. The black-tinted paulownia wood cabinet has a rugged natural and simple beauty. The paulownia tree is traditionally planted in the front yard to weave a chest of drawers when our ancestors sent their daughter away in a marriage.

쌍둥이 행운문
진갈색의 샤벨로 제작한 쌍둥이 행운문은 고고한 침묵의 무게감으로 실내 분위기를 압도하며 수줍은 듯 품은 적색 빛은 고상하고 아름다운 자태를 뽐낸다.

Twins Fortune Doors
The twin fortune doors made of dark brown sapele overpower the interior with the weight of lofty silence, and the shy red light boasts a noble and beautiful appearance.

벽체 하부 데코레이션
중앙홀의 중후한 멋을 창출하기 위해 중앙홀 벽체 하부 데코레이션으로 남미, 브라질, 온두라스, 쿠바산 샤벨을 사용했다.

Lower Wall Decoration
To create a profound charm of the Center Hall, sapeles from South America, Brazil, Honduras, and Cuba were used as the decoration for the lower wall.

중앙홀 조명창
황금빛 티크 벽면에 자연을 담았다. 기러기의 날갯짓을 닮은 문살과 흐르는 바람을 담은 유리는 양날개 덧창을 달고 창공을 향해 비상하고 있다.

Center Hall Lamp Window
The golden teak wall contains the nature. The frames which resemble the flapping of the wings of geese and the glass containing the flowing wind are flying toward the sky with double-winged windows.

좌우 벽체 장식 루버 및 나무 기둥

벽체 장식 루버는 아프리카 및 남미산 아프로모시아와 샤벨을 사용하였다. 아프로모시아는 고가의 티크 대용의 고급건축 내장 목재다. 두 나무의 색깔 차이로 세로 줄무늬가 나타난다. 또한 나무 기둥은 남미산 마호가니로 검붉은 색과 더불어 단단하고 무늬결이 차분하며 곱게 연마하면 촉감이 부드럽다.

Wall Decoration Louvers and Wooden Pillar

African and South American Afromosia and Sapele were used for the wall decoration louvers. Afromosia is a high-end building interior wood that can replace expensive teak. Vertical stripes appear from the difference in color between the two trees. In addition, the wooden posts are made of mahogany from South America, which is firm with dark red color and has a calm texture. It is soft to the touch when finely polished.

전면 벽장식 마감재

동남아산 티크는 변형이 거의 없는 곧은 절개를 지녔으니 나무 중에 가히 팔방미인이라고 일컬을만 하다. 황금 갈색, 은은한 무늬결, 기름진 윤기, 은은한 향과 더불어 내후성, 내구성, 가공성이 좋다.

Front Wall Finish

Southeast Asian teak has a straight characteristic with almost no deformation, so it can be called a true beauty among trees. It has good weather resistance, durability, and workability along with its golden-brown color, soft texture, shiny luster, and subtle scent.

벽체 상부 루버

북미산 활엽수로 시간이 지나면서 붉어지는 체리우드는 세월과 함께 더욱 멋스럽게 변하는 고급 목재로 부드럽고 온화하며 아름다운 색상은 정서적인 안정감을 준다.

Upper Wall Louver

A broad-leaved high-quality tree from North America, cherrywood turns red over time. The soft and beautiful color provides emotional stability.

괴목(느티나무) 우드슬랩

황갈색 괴목은 무늬가 뛰어나게 아름다우며 질기고 단단하다. 용도는 최고급 건축 내장재 및 가구재로 인테리어의 품격을 높여준다.

Zelkova Wood Slab

The yellowish-brown oaks have an excellent pattern, and are tough and hard. It is used for interior design with the finest building interior materials and furniture materials elevate the dignity of the dignity.

3중 창문
중앙홀 VIP Room 입구 양측 벽면에 아름답게 설치된 3중 창문은 동남아산(미얀마) 티크로 제작하였다.
외창, 중창, 내창은 각각 2짝씩 6짝 창문으로 각각 다른 디자인이다. 디자인이 안팎으로 다른 12개의 창에는 요술 같은 아이디어가 숨어있다.

Triple Window
Beautifully installed on both sides of the entrance to the VIP Room in the Center Hall, the triple windows are made of teak from Southeast Asia (Myanmar). The outer, middle, and inner windows have 2 doors each, and all 6 doors are of a different design. A magical idea lurks in the 12 sides of the windows with different designs inside and out.

우측 벽 특수 현관문
한반도를 비롯해 일본, 중국 동부지역이 원산지인 괴목은 우리나라의 대표적인 최고급 명목으로 재래종은 희귀성이 높아 보호목으로 지정되어있다. 산수화 같은 나이테 무늬결과 황금 갈색, 담황갈색을 띤 괴목은 화려하고 아름답기가 천하제일이다.

Special Door on the Right Wall
Native to the Korean Peninsula, Japan, and eastern China, zelkova is Korea's representative premium tree. The native species is designated as a protected tree due to its rarity. The golden brown and light yellow-brown color of tree rings are gorgeous and beautiful like a traditional landscape painting.

후면 사무실 출입문
북미산 활엽수인 체리우드는 시간이 지나면서 붉게 변해 세월과 더불어 더욱 멋스러워진다. 사무실 출입문은 연붉은 체리와 진갈색 샤벨의 아름다운 조화로움이 느껴지도록 제작하였다.

Back Door to the Office
A broad-leaved tree from North America, cherrywood turns red and more beautiful over time. The office door was made to feel the beautiful harmony of light red cherry and dark brown sapele.

VIP룸 출입문
VIP룸 출입문은 분위기를 압도하는 금갈색의 고급스럽고 우아한 분위기를 연출하기 위해 티크로 제작하였다. 단순 개념이 도입된 양개문은 중후한 절제미로 묵묵한 위용을 자아낸다.
오른쪽 사진은 이 문을 열었을 때 보이는 VIP룸의 천장과 바닥 그리고 맞은편 꽃살 창문 모양이다.

VIP Room Entrance
The VIP room door is made with teak to create a luxurious and elegant vibe in golden brown that overpowers the atmosphere. Simple double doors exude a silent magnificence with the beauty of profound restraint.
The picture on the right shows the ceiling and floor of the VIP room and the shape of the flower-framed window on the opposite side that you see when you open these doors.

ROOM 04

VIP룸
VIP Room

수종 Species
티크, 월넛
Teak, Walnut

원산지 Origin
동남아, 미얀마, 아메리카, 미국 등
Southeast Asia, Myanmar, America, and the United States, etc.

용도 Use
고급주택 / 고급 호텔 인테리어재, 최고급가구재, 예술 조각재, 공예재, 우드슬랩재, 다용도.
Luxury houses / luxury hotel interior materials, high-end furniture, art sculptures, crafts, wood slabs, and versatile.

VIP룸을 일명 Teak Wood Room이라고도 한다. 사면의 벽과 천장, 바닥까지 6면 전체를 최상급 미얀마산 티크 (Teakwood)로만 연출하였다. VIP룸의 디자인은 유럽풍의 모던 클래식 스타일과 동양적인 우리 한식 전통 양식을 실용적으로 접목하였다.
나무로만 축조한 목눌관은 '영예'라는 상징적 의미를 지닌 8각형을 주요 모티브로 사용하였다. VIP룸의 천장과 바닥 디자인에서 8 각형을 볼 수 있다. 기하학적이고 안정적이기도 한 8 각형은 동양철학의 우주관에서 하늘(천)을 상징하는 동그라미와 땅(지)의 상징인 네모 사이에 중간 도형인 8 각형(인)이 있음을 의미한다.
VIP룸은 통판으로 제작된 양개문과 각기 다른 44개의 3중 창과 더불어 십장생 벽 조각 작품 등, 우리 한옥풍 인테리어의 중후한 멋을 최대한으로 발휘하고 있는 명품관이다.

8각 천장 패턴과 조명박스
Octagonal Ceiling Pattern and Lamp Box

The VIP room is also called the Teak Wood Room. All 6 sides, including the walls, ceiling, and floor, are made with only the highest quality teak from Myanmar. The design of the VIP room is a practical combination of modern classic European style and Eastern Korean traditional style.
Only constructed with wood, Moknulkwan uses an octagon as the main motif, which has a symbolic meaning of 'honor.' You can see the octagon in the ceiling and floor design of the VIP room. The octagon is geometric and stable, and it represents that there is an octagon (human) in the middle between the circle symbolizing the sky (heaven) and the square symbolizing the ground(earth) in the cosmic view of Eastern philosophy.
The VIP Room is a luxurious hall that fully demonstrates the profound beauty of traditional Korean house interiors, such as whole double doors, 44 different triple windows, and ten longevity symbol wall sculptures.

벽면 상단 빗살 조각무늬 격자 패턴

천장의 8각 입체 조각 패턴과 바닥의 8각 무늬 패턴을 연결시켜 공간의 안정감과 다채로움을 부여하였으며 한식풍 디자인으로 중후한 멋을 이끌어 내었다.
티크를 사용하여 천장과 벽 사이의 입체감을 살리면서 자연스럽게 연결시키기 위해 각 벽면을 다르게 구상하였으며 마주 보는 두 벽면은 상부, 중간부, 하부로 구분해 상부는 빗살 조각무늬 격자 패턴으로, 중간부는 나무를 조각해서 넣은 십장생, 하부는 산수화 같은 무늬결 통판을 끼워 넣어 한식풍으로 승화시킨 최고급 벽면을 완성하였다.

Comb Lattice Pattern on the Upper Wall

The space has a sense of stability and diversity with the octagonal three-dimensional sculpture pattern on the ceiling connected with the octagonal pattern on the floor, and the traditional Korean style gives a profound sense of style.
Each wall was designed differently with teak to create a three-dimensional effect and a natural connection between the ceiling and the wall. The two facing walls are divided into upper, middle, and lower sections, each inserted with a comb lattice pattern, engraved ten longevity symbols, and board with landscape-painting-like pattern, respectively, completing the top-quality Korean style wall.

괴목 우드슬랩 탁자

VIP룸 한켠에 놓여 있는 괴목(zelkova) 탁자. 가공하지 않은 원목 자체의 형태를 그대로 유지함으로써 8각 천장과 바닥의 규칙성과 대비되면서도 원에 가까운 8각 형태와 조화를 이룬다.

Zelkova Wood Slab Table

A zelkova table in one corner of the VIP room. By maintaining the shape of the original wood itself, the table is in harmony with the octagonal shape close to a circle while contrasting with the regularity of the octagonal ceiling and floor.

VIP룸 3중 창문
중앙홀 VIP Room 입구 양측 벽면에 아름답게 설치된 3중 창문은 고급 목재의 대명사인 동남아산(미얀마) 티크로 만들었다. 외창, 중창, 내창은 각각 2짝씩 6짝 창문으로 각기 다른 디자인이다. 안팎으로 다른 12개의 창에는 요술 같은 아이디어가 숨어있다.

황금 컬러 티크 원목으로 화려하게 짜 맞춘 갈매기형 빗살 문양 벽체와 덧창문이 한식풍의 벽속 미닫이 창문의 아름다움과 앙상블을 이룬다.

VIP Room Triple Windows
Beautifully installed triple windows on both sides of the entrance to the VIP Room in the Center Hall are made of teak from Southeast Asia (Myanmar), which is widely known as high-quality wood. The 6 outer, middle, and inner windows, 2 windows each, are in different designs. A magical idea is hidden in the 12 different windows inside and out.
The chevron-shaped comb-patterned wall and layered windows made with golden teak wood form an ensemble with the beauty of the Korean-style sliding windows inside the wall.

좌측 병풍식 2중 창문(내측)
병풍 접이식 창문을 열어젖히면 양쪽 교살 창문 중심에 오롯이 숨어있던 원형 꽃 살문양 조각 창문과 교살 무늬 창문이 마중한다. 소목장의 솜씨에 의해 정교한 작품이 완성되었다.

Folding Double Window on the Left (Inside)
When you open the folding screen window, you will be greeted by a circular flower-patterned window and a checker-patterned window that were hidden in the center of both checkered windows. The elaborate work was completed by the workmanship of a wood furniture maker.

좌측 병풍식 2중 창문(외측)
창문은 티크와 오동나무(알판 부분)가 손을 맞잡고 고상한 면모를 풍긴다. 선비의 격을 지닌 창의적인 아이디어로 네 짝의 병풍식 접이문을 탄생시켰다.

Folding Double Window on the Left (Outside)
The window is made of teak and paulownia wood (the board), giving off a noble atmosphere. Four pairs of folding doors were made with a creative idea with the dignity of a traditional scholar.

우측 병풍식 2중 창문(외측)
VIP룸 2중 창문(우측)의 한식 가리개 발을 현대적인 감각으로 디자인한 창문발, 공력이 많이 드는 품위 있는 목공예 작품이다.

Folding Double Window on the Right (Outside)
The traditional Korean-style window screen of the VIP room's double window (right) were designed with a modern sensibility. It's a quality woodwork that requires a lot of effort.

우측 병풍식 2중 창문(내측)
병풍식 가리개의 덧창을 열어젖히면 세 살문 패턴의 띠살 문양 창이 단아한 기품으로 다가선다.
기하학적 무늬로 정교하게 짜 맞춘 소목장의 공예작품이다.

Folding Double Window on the Right (Inside)
When you open the layered window of the folding screen, the detailed stripe window approaches you with graceful elegance.
It is a craft of a wood furniture maker elaborately woven with geometric patterns.

출입구 상단 간접조명 등박스
VIP룸 천장의 8각 조명과 대비되는 직사각형의 조명 박스로 티크를 사용해 출입문 안쪽 입구 천장을 황금색 불빛으로 은은하게 밝혀준다.

Indirect Lamp Box at the Top of the Entrance
The rectangular lamp box uses teak to contrast with the octagonal lighting on the ceiling of the VIP room, subtly illuminating the entrance ceiling inside the entrance with golden light.

바닥 중앙의 8각 장식
VIP룸 바닥 중심에 천장 중앙의 8 각형 등 박스 크기 그대로 바닥에 내려 앉혔다. 8각 내부의 수종은 파덕 목(Paduk Wood)이다. 파덕은 남미산으로 진붉은색을 내는 개성이 강한 목재다.

Octagonal Decoration in the Center of the Floor
The octagonal lamp box in the center of the ceiling was also placed on the floor in the same size in the center of the floor of the VIP room. The species inside the octagon is padauk. Padauk has a unique characteristic with deep red color and produced in South America.

8각 천장 패턴
티크를 정교하게 짜 맞추어 구성한 입체적인 천장의 8각과 4각의 기하학적 입체 패턴은 화려하고 다채로운 공간에 통일감을 주며 천장 중심에서 쏟아지는 불빛이 실내를 엄숙하고 정중한 분위기를 감돌게 해 VIP의 품격과 신분을 한층 드높인다. 호화롭고 생동감 있는 천장의 조형성은 우주와 하나가 되는 조화로운 인간상을 표현한다.

Octagonal Ceiling Pattern
The three-dimensional large octagonal lamp box made of elaborately weaved teak and the octagonal and quadrangular three-dimensional patterns on the ceiling give a sense of unity to the colorful space. The light pouring from the center of the ceiling provides the room a solemn and respectful atmosphere, further elevating the dignity and status of VIPs. The luxurious and lively formation of the ceiling expresses the harmonious image of a human becoming one with the universe.

2중 창 하단 고급 장식장
2중 창 하단에 북미동부, 캐나다산 블랙 월넛 알판 장식장을 꾸며 별도의 장이 필요없이 공간을 활용할 수 있도록 하였다.

High-quality Cabinet Below the Double Window
A black walnut plate cabinet made in eastern North America and Canada is placed below the double window so that the space can be utilized without a separate cabinet.

월넛 붙박이장
VIP Room의 좌우측 2중 창문 사이에 월넛 붙박이장을 설치했다. 블랙 월넛은 북미 동부지역과 캐나다가 원산지로 변형이 적고 무늬결이 고우며 단단한 편이어서 내구성, 내후성이 좋고 건조목은 신축 팽창률이 적어서 고급 건 가구재로 인테리어의 품격을 높여준다.
주위의 티크 소재와 잘 어울려 조화를 이룬다.

Walnut Built-in Cabinet
A walnut built-in cabinet was installed between the double windows of the VIP Room. Black walnut is native to eastern North America and Canada. It has less deformation, fine grain, and firmness, so it has good durability and resistance against weather to increase the level of the interior. It harmonizes well with the surrounding teak material.

티크 조각 벽면 장식
티크 원목의 작은 조각들을 일일이 다듬어서 수놓듯 하나하나 짜 맞춘 목공예 작품이다.

Teak Sculpture Wall Decoration
It is a woodcraft from embroidering small pieces of solid teak wood one by one.

VIP룸의 정면 전경
Inside view of VIP room

ROOM 05

응접실
Reception Room

수종 Species	원산지 Origin	용도 Use
세파티아(구루미), 이페 Sepetir(Kurumi), Ipe	동남아, 인도네시아, 말레이시아, 남아메리카산, 브라질 등 Southeast Asia, Indonesia, Malaysia, South America, Brazil, etc.	건축 내장재, 가구재, 공예재, 우드슬랩재 Building materials, furniture materials, crafts materials, wood slab materials.

응접실은 고객 응접을 위해 디자인된 공간으로 다양한 목재들의 쓸모에 대한 가능성을 탐색하며 요소요소에 적합하게 적용하여 목조주택의 창의적 묘미를 느낄 수 있다. 주로 건 가구재로 널리 쓰이는 세파티아(구루미, 동남아산) 등을 사용해 나무 벽돌 쌓기와 폐목재로 제작한 대형 벽난로 작품은 목눌관의 백미로 뽑힌다.
나이테가 보이는 글루램(Glulam) 집성목의 단면으로 벽체 하단부를 장식해 견고하면서도 부드러운 벽을 연출하였다.
육중하면서도 견고해 보이는 기둥과 천장보는 세파티아(구루미) 판재를 사용했으며, 벽난로의 8방 격자 그릴 모두 목재로 제작하였다.

The reception room is a space designed for receiving customer, and you can feel the creative charm of a wooden building by exploring the possibilities of the usefulness of various woods and applying them appropriately to each element. The wooden brickwork and large fireplaces made of waste wood are the highlights of Moknulkwan.
The lower part of the wall is decorated with a cross section of glulam with tree rings visible, creating a firm yet soft wall.
The pillars and ceiling beams that look heavy and sturdy were made of Sepetir (kurumi) boards, and the fireplace's octagonal lattice grill was all made of wood as well.

나이테방과 연결되는 출입문
샤벨 문틀+단풍 문짝(원목) 가운데에 유리(민유리/컬러/흑경)를 센스 있게 끼워 넣었다.
문을 열고 들어서면 나이테방과 연결된다.

Entrance Connecting to the Tree Ring Room
Glass (plain glass / color / black mirror) was cleverly inserted in the center of the sapele door frame+ maple door (original wood).
The door connects to the Tree Ring Room.

직사각형의 천장보와 천장살
천장보와 천장살은 세파티아(구루미)를 사용하였다. 세파티아는 동남아시아의 인도네시아, 말레이시아 등지에서 자란다. 색상은 담홍 갈색, 황갈색, 암갈색 등 다양하다. 가공성이 좋아 용도가 다양하다.
모던한 인테리어 분위기에서 견고하면서 중후한 남성적인 멋을 풍긴다.

Rectangular Ceiling Beams
The celing beams use Sepetir(kurumi). Sepatia grows in Indonesia and Malaysia in Southeast Asia. Colors vary, including pink-brown, tan, and dark brown. It can be easily and has a wide range of uses.
It exudes a solid yet profound masculine vibe in a modern interior atmosphere.

중앙홀 연결 행운문 후면
샤벨로 만든 응접실의 행운문은 중앙홀과 연결된다.
행운문 뒷면은 현대적인 한국의 미를 담은 디자인으로 장인의 솜씨가 유감없이 발휘되어 있다.

Back of the Fortune Gate Connecting to the Center Hall
The fortune gate of the reception room made of Sapele is connected to the Center Hall. The design on the back of the fortune gate embodies modern Korean beauty, fully demonstrating the craftsmanship of the craftsman.

응접실 출입 양미닫이문
응접실의 전면에 설치된 한국 전통식 문틀과 문살의 양개 미닫이 문. 전형적인 격자의 단순미에 감각적인 팔각도형을 얹음으로써 단아하고 아름다운 문을 완성시켰다.
소재는 진갈색 미국산 호두나무(Black Walnut)로 안정감을 주는 고급스러운 분위기를 자아낸다.

Double Sliding Door for Entrance to the Reception Room
A traditional Korean-style double sliding door and door frame installed in front of the Reception Room. An elegant and beautiful door is completed with a sensuous octagonal shape on the simple beauty of a typical grid.
The material is dark brown American black walnut, which creates a luxurious yet stable atmosphere.

ROOM 06

중앙 복도
Central Corridor

수종 Species
블랙월넛, 마호가니
Black walnut, Mahogany.

원산지 Origin
북미산, 미국, 아프리카, 동남아
North America, America, Africa, Southeast Asia.

용도 Use
고급 건축 내장재, 고급가구재, 특수 공예재, 우드슬랩
High-quality interior materials, high-quality furniture materials, special crafts materials, wood slabs.

중앙 복도는 정면이 우주관, 우측은 응접실, 좌측은 월넛룸으로 연결되는 목눌관 중심 낭하(廊下)이다. 천장을 최대한 높이기 위해 박공 스타일을 선택하였다. 미국산 진갈색 고급 목재인 호두나무(Black Walnut)를 사용하였다. 밤색의 고품질 목재로 연출한 출구와 입구의 아름다운 아치 문, 박공 천정 인테리어 그리고 은은한 간접조명은 우아하고 고풍스러운 분위기를 연출한다.

The central corridor connects the Cosmic Hall in the front, Reception Room on the right, and Walnut Room on the left. The gable style was chosen to maximize the ceiling height, using black walnut, a high-quality dark brown wood from the United States.
The beautiful arch doors at the exit and entrance made of high-quality chestnut wood, the gabled ceiling interior, and the soft indirect lighting create an elegant and antique atmosphere.

행운문 뒷면
중앙홀에서 좌측 행운문(쌍둥이 문)을 통해 중앙 복도에 들어서게 된다.
사진은 중앙 복도에서 본 행운문의 뒷면이다. 샤벨로 정교하게 제작하였다.

Back of the Fortune Gate
From the Center Hall, you would enter the Central Corridor through the left fortune gate (twin gates). The picture is the back of the fortune gate seen from the Central Corridor. It was meticulously crafted with a Sapele.

우주관 출입문
오랜 전통을 지켜 내려온 격자 유리 현관 중문으로 우주관과 연결된다.
문의 격이 반듯해서 안정감을 준다.

Door to Cosmic Hall
It is the inner gate of the lattice glass entrance, which follows the tradition of long time. It connects to the Cosmic Hall and gives a sense of stability with the straight form.

ROOM 07

월넛룸
Walnut Room

수종 Species	원산지 Origin	용도 Use
블랙월넛 Black walnut	북미산, 미국 North America, America	고급 내장재, 고급 가구재, 공예재, 우드슬랩 High-quality interior materials, high-quality furniture materials, crafts materials, wood slabs.

월넛룸은 전체 6면 소재를 검정 갈색 고급 목재인 미국산 호두나무(Black Walnut)를 선택했다.
세계의 특수한 명목들을 다양하게 표현해내고 있는 목눌관은 VIP룸, 월넛룸과 같이 유럽풍에서 벗어나 동양적인 한국의 고유미를 염두에 두고 한옥의 전통 양식을 중심으로 한 현대적인 인테리어 양식 문화를 형성해 놓았다.
소목장인들의 공예적인 솜씨로 완성한 4각, 마름모, 8각의 기하학적인 한식 격자 문양들은 창호와 벽 그리고 천장과 바닥에 적용되어 형상화하여 조화를 이루었다. 검정 갈색의 위엄 있는 실내장식은 격조 높은 분위기를 연출한다.

Walnut Room selected black walnut, a high-quality black-brown wood, for the material of all 6 sides. Moknulkwan expresses the world's special trees in various ways and has formed a modern interior style culture centering on the traditional style of Korean traditional houses with the unique beauty of Eastern Korea in mind, breaking away from European style as demonstrated in VIP and Walnut rooms.
The geometric Korean-style lattice patterns of square, rhombus, and octagon is completed with the craftsmanship of the wood furniture makers. They were applied to windows, walls, ceilings and floors to form harmony. The dignified interior decoration of black and brown creates an elegant atmosphere.

월넛룸 출입 미닫이 문
문틀과 문살은 전통 한식의 기하학적인 도형을 활용하였다. 위용 있는 분위기를 연출하기 위해 4각, 마름모, 8각이 조화를 이루도록 형상화하였다.

Walnut Room Sliding Entrance Door
The door frame used traditional Korean geometric shapes. To create a majestic atmosphere, the square, rhombus, and octagon are shaped in harmony.

마름모 격자 짜깁기 벽체
출입문 양쪽에 배치하여 미닫이문을 수납하는 벽체 디자인. 사각형과 정사각형 나무 조각들을 정성스럽게 짜 맞추어 화려하면서도 정교한 손길에 자꾸 눈이 가는 디자인이다.

Rhombus Lattice Weaved Wall
A wall design that stores sliding doors by placing them on both sides of the entrance door. The quadrilateral and square pieces of wood are carefully woven together to create an eye-catching design with a gorgeous yet sophisticated touch.

벽체 장식
중심부에 8각형과 4각형의 전통 문양 조각과 주변의 삼각형을 이어 붙인 마름모 패턴, 그리고 그 패턴을 상하좌우로 감싸며 둘러쳐진 직사각형의 패턴은 전통과 현대의 미를 아름답게 조화시켜 화려하면서도 고급스러운 벽체 예술로 승화시켰다.

Wall Decoration
The traditional octagonal and quadrilateral carvings in the center, a rhombus pattern with triangles connected around it, and a rectangular pattern that surrounds them vertically and horizontally beautifully harmonize the traditional and modern beauty, sublimating it a gorgeous yet luxurious wall art.

현대식 장식장과 벽체용 장식 루버
백색의 정교한 가구 작품, 흑갈색 월넛 목재의 불규칙한 벽 치장재 맞춤 공법에서 흑과 백의 절묘한 조화로움이 실내 분위기를 자아낸다.

Decorative Louvers for Modern cabinets and Walls
The exquisite harmony of black and white creates an atmosphere of the room from the elaborate furniture work in white and the irregular wall decoration made of dark brown walnut wood.

바닥 8각 문양 마루 널
지름 200cm의 천장 8각 등 박스를 그대로 바닥으로 내려 앉힌 문양이다. 가장 안정되게 느껴지는 8 각형의 마루 널은 편안함을 안겨준다.

Octagonal Pattern Floorboard
It is a pattern in which a 200cm-diameter octagonal ceiling lamp box is lowered to the floor as it is. The octagonal floorboard provides comfort with the most stable structure.

창문과 하단 수납장
전통 한식 세살문을 유럽풍 모던 스타일과 절충한 병풍식 창문은 단아한 한옥의 정취를 느끼게 해 준다. 창문 하단에는 실용적인 수납장을 붙박이 하였다.

Window and the Cabinet Below
The folding screen window, which combines the traditional Korean style thin-frame door with a European-style modern style, makes you feel the atmosphere of an elegant traditional Korean building. A practical cabinet is built-in at the bottom of the window.

천장 8각 조명 등 박스

목눌관의 주요 시각적 모티브는 8각형이다. 미국산 호두나무(Black walnut)로 인테리어 한 월넛룸에는 8각 정자 지붕식 대형 실 내조명 등 박스가 있다. 지름 200cm의 원형에서 내각이 135도인 다각의 꼭짓점으로 연결된 8각 도형을 사용해 정교한 박공 스타일의 등 박스로 개발하였다. 기하학적인 디자인과 정밀한 맞춤 공법으로 품격 있는 전통 한식 정자 분위기를 연출하였다.

새로운 시작을 의미하는 숫자인 8에서 유래한 세상에서 가장 안전한 도형이라는 8각형(Octagon)은 원형(하늘)과 정사각형(땅) 사이에서 8각을 이룸으로써 하늘과 땅 사이에 존재하는 인간과 우주의 조화를 상징한다.

Ceiling Octagonal Lamp Box

The main visual motif of the Moknulkwan is the octagonal shape. The Walnut Room, decorated with American black walnut, has an octagonal pavilion-roof-type large indoor lamp box. It was developed as an elaborate gable-style lamp box using an octagonal shape connected by vertices of a polygon with an interior angle of 135 degrees in a circle with 200cm diameter. A traditional Korean-style pavilion is created with a geometric design and precise tailoring techniques.

Octagon is believed to be the safest figure in the world and is derived from the number 8, which means a new beginning. It symbolizes the harmony of human and universe by forming an octagon between a circle (the heaven) and a square (the earth).

ROOM 08

나이테방
Tree Ring Room

수종 **Species**	원산지 **Origin**	용도 **Use**
더글러스퍼 글루램 (GLULAM / 구조용 집성재) Douglas fir Glulam	한국, 미국, 호주, 캐나다 등 Korea, America, Australia, Canada, etc.	건축 구조재, 실내장식재 등 Building structures, interior decorations, etc.

목눌관은 15개소의 룸으로 나뉘어 저마다 독특한 디자인과 개 성있는 나무들로만 인테리어 한 창작품이다. 아울러 나이테방 역시 특이하게 꾸며졌다. 나무를 여러 겹 접합해서 만든 구조용 집성재(Glulam)를 토막 내서 그 단면부의 나이테 무늬결이 보이도록 파벽돌 시공법으로 인테리어 하였다. 다양한 수령의 나이테 모양과 그로 인해 형성되는 패턴의 아름다움을 즐길 수 있다.

Moknulkwan is divided into 15 rooms, each with a unique design and unique interiors made of wood. The Tree Ring room was also specially decorated.
Structural gluelam made by joining several layers of wood was cut into pieces, and the interior was decorated with a corrugated brick construction method made of the wood so that the tree rings on the cross section show. You can enjoy the beauty of the tree rings of various ages and the patterns thereof.

비 규칙적 목조 벽돌 벽체 디자인
비 규칙적인 폐목들을 정교하게 쌓아 만든 벽체로 집성목의 단면에서 자연스럽게 뒤엉킨 듯 연결된 다양한 크기와 굵기의 나이테 문양이 아름답다.

Irregular Wooden Brick Wall Design
The wall is made of elaborately stacked irregular waste wood, and the tree rings of various sizes and thicknesses are beautifully connected as if they were naturally intertwined at the cross section of the wood.

비 규칙적 목조 벽돌 벽체 디자인 세부
재활용 가능한 폐목재 및 자투리 나무의 단면을 노출시킨 불규칙적 자연석 쌓기 식 시공법으로 고풍스럽게 벽체를 장식했다.

Irregular Wooden Brick Wall Design Details
The walls were decorated in an antique style with a stacking method of irregular natural stone stacking that exposed the cross sections of recyclable waste wood and scrap wood.

천장 등과 4각 등 박스
좁은 공간의 천장 높이를 고려해 경사를 줌으로써 천장을 높임과 동시에 등 박스로 활용하였다.
4각 경사 천장은 동적 느낌을 주어 공간이 더 크고 높아 보이도록 한다.

Ceiling Light and Quadrilateral Lamp Box
The ramp considered the ceiling height of a narrow space and was also used as a light box while raising the ceiling.
The quadrilateral sloped ceiling gives a dynamic feel, making the space appear bigger and higher.

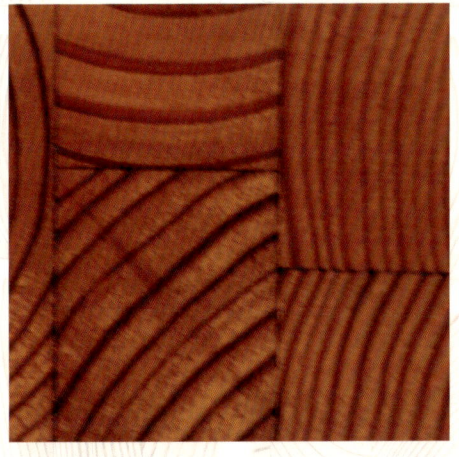

규칙적 목조 벽돌 벽체 디자인
규격화된 집성목을 벽돌처럼 쌓아 올린 벽체는 목재의 단면에서 자연스럽게 뒤엉킨 듯 연결된 다양한 크기와 굵기의 나이테 문양이 살아있어 구성적인 아름다움을 갖는다.

Regular Wooden Brick Wall Design
The wall with standardized glulam stacked like bricks has a compositional beauty as the tree rings of various sizes and thicknesses are set as if they are naturally entangled at the cross section of the wood.

규칙적 목조 벽돌 벽체 디자인 세부
나이테란 나무를 가로로 잘랐을 때 보이는 짙은 동심원을 말하며 연륜이라고도 한다. 나이테의 기하학적인 조합을 벽체에 구현했다.

Regular Wooden Brick Wall Design Details
A tree ring refers to the dark concentric circles seen when a tree is cut horizontally, also called an annual ring. The geometric combination of tree rings is embodied on the wall.

ROOM 09

우주관
Cosmic Hall

수종 Species
블랙월넛, 아프로모시아, 마호가니, 삼나무, 아카시아 등
Black walnuts, Apromosia, Mahogany, Cedar, Acacia, etc

원산지 Origin
북미, 아프리카, 동남아 등
North America, Africa, Southeast Asia, etc.

용도 Use
고급건축 내외장재, 고급가구재, 공예재, 우드슬랩재 등
High-end interior and exterior materials, high-end furniture materials, crafts materials, wood slab materials, etc.

높이 6m에 이르는 세계적인 초대형 도어 '생명의 문'
하늘까지 자라 오르려는 거목의 꿈을 형상화한 디자인은 '생명의 문'을 탄생시켰다. 높이 6m에 이르는 '생명의 문'은 블랙월넛과 도우시 나무를 소재로 양면이 다르게 제작된 아치형 양개 자동문이다.

6m-high 'Gate of Life'
The interior design of Moknulkwan created a 'Gate of Life' that reveals the life and soul of the special wood itself. The 'Gate of Life' reaching 6m in height is majestic and mysterious.

우주관은 전시관 내부의 사통팔달의 중심축에 건립된 목눌관의 대표적인 공간이다.
우주관 디자인은 우주의 창조적 능력에 헌사하는 이미지를 부각하였다.
대표적인 디자인은 특수목재를 사용해 제작한 6미터 높이의 웅장한 '생명의 문'이다.
'생명의 문'은 우주의 창조 능력으로 나무의 씨에 생명과 영혼을 불어넣자 싹이 트고 자라면서 하늘을 뚫고 오르려는 거목의 꿈을 형상화한 것이다. '생명의 문'을 열고 통과하면 거대한 신세계가 펼쳐진다.
3층 높이까지 시원하게 뚫린 우주관의 천장에는 천체를 상징하는 은하수와 태양과 북두칠성이, 바닥에는 목제 8방위 표지가 심어져 있다. 4면은 서로 다른 명목들의 다양한 패턴의 벽장식들과 전후좌우 4방으로 연결되는 예술적인 문들로 구성되어 공간 구조와 함께 그 규모와 조화로운 아름다움에 경외심을 갖게 한다.

A representative space of the Moknulkwan, Cosmic Hall was built on the central axis of the exhibition hall. Its design emphasized the image dedicated to the creative ability of the universe. A representative design element is the magnificent 6-meter-tall 'Gate of Life' made of special wood. The Gate embodies the dream of a giant tree trying to climb through the sky as it sprouts and grows when life and soul are breathed into the seed of the tree with the creative power of the universe. If you open and pass through the 'Gate of Life', a big new world will unfold in front of you.
The Milky Way, the Sun, and the Big Dipper, which symbolize the heavenly bodies, are planted on the ceiling of the Cosmic Hall that reaches the height of three stories, and wooden eight-direction signs are planted on its floor. The four sides are composed of wall decorations in various patterns of different trees and artistic doors that connect to the front, rear, left, right, and left four rooms, inspiring awe to the visitor with its scale and harmonious beauty along with the special structure.

천장 장식, 8방 원형 조명 박스
우주관의 천장에는 천체를 상징하는 은하수와 북두칠성이, 중앙에는 태양을 상징하는 원형 등 박스와 샹들리에를 밝게 설치하였다. 세상의 모든 것을 아우르는 원형은 아름다움의 표상이다.

Ceiling Decoration, Octagonal Round Lamp Box
The ceiling of the Cosmic Hall features Milky Way and the Big Dipper, symbolizing the heavenly bodies, and a bright circular lamp box and chandelier symbolizing the sun are installed in the center. The circle that encompasses everything in the world is a symbol of beauty.

우주관의 나이테방 출입문

아프리카산 아프로모시아 통목을 창호 소재로 삼고 벽채 장식은 한국산 아카시아 나무로 하였다.
모던 스타일 브라운톤 출입문과 창문, 연갈색의 불규칙한 벽체 인테리어는 자연스럽고 서정적이다.

Entrance to Tree Ring Room in the Cosmic Hall

Afromosia logs from Africa were used for the windows and doors, and Korean acacia wood was used to decorate the walls.
Modern style brown-toned doors and windows, and light brown irregular wall interiors are natural and lyrical.

우주관의 부 출입구 출입문

갈색 톤의 아프리카산 아프로모시아 통목으로 만든 유럽풍의 세미클래식 출입문으로 아름다운 아치(Arch) 형 문틀 디자인과 격조 높은 양개문의 창문은 우주관의 분위기를 격상시켰다.

The Sub-entrance of the Cosmic Hall

It is a semi-classical European-style door made of brown African Afromosia logs, The beautiful arch-shaped door frame design and the elegant double-door windows enhance the atmosphere of the Cosmic Hall.

8방 별 모양 바닥 장식
바닥에는 천장 등 박스를 그대로 내려서 표현했다. 나무 원색을 살려 8방위 별 모양을 배치하였다.

Octagonal Star-Shaped Floor Decoration
The floor expresses the lamp box on the ceiling as is. The octagonal star shape are placed using the original colors of wood.

중앙 복도와 연결되는 출입문
성벽처럼 쌓아 올린 나무 벽돌과 입체적인 아치형 문틀, 그리고 세미클래식한 사각 유리문을 내부에 배치하여 고풍스럽고 중후한 분위기 표현하였다.

Entrance Door Leading to the Central Corridor
Wooden bricks stacked like a castle wall, three-dimensional arched door frames, and semi-classical quadrilateral glass doors were placed inside to express a classic and profound atmosphere.

우주관의 6m 높이의 '생명의 문'이 열리면 심포니홀의 전경 일부가 바라 보인다.
When the 6m-high 'Gate of Life' of the Cosmic Hall opens, you can see part of the panoramic view of the Symphony Hall.

우주관에서 바라 본 심포니홀

우주관 중앙에는 목재의 혼을 담은 6m 높이의 '생명의 문'을 기념비처럼 세웠다. 성문처럼 육중한 아치형 도어인 생명의 문은 최상급 흑갈색 호두나무(Black walnut/미국산)로 작업하였다.
거대한 '생명의 문'이 서서히 열리면 경이로운 신세계인 심포니홀이 펼쳐진다.

Symphony Hall viewed from Cosmic Hall

In the center of the Cosmic Hall is a 6-meter-tall 'gate of life' containing the soul of wood standing like a monument. The Gate of Life, which is a heavy arched door like a castle gate, is made of the highest-quality black walnut (American).
Once the huge 'gate of life' slowly opens, a wonderful new world of Symphony Hall unfolds.

ROOM 10

제2 현관
The 2nd Entrance

수종 Species
아프로모시아
Apromosia

원산지 Origin
아프리카
Africa

용도 Use
건축 내장재, 가구재,
우드슬랩 등
Interior materials, furniture materials, wood-slab, etc.

제2 현관은 우주관으로 입성하기 위한 통로로써 현관문을 열고 들어서면 웅장한 아치 터널이 눈앞에 펼쳐진다. 갈색 연한 황금톤의 아프리카산 아프로모시아 원목으로 유럽풍 세미클래식 인테리어 분위기를 연출했다. 천장 중앙에서 늘어뜨려진 호박형 꽃등이 실내를 온화하게 밝힌다. 터널 양쪽 벽 속에서 비쳐 나오는 6개의 간접 불빛 또한 신비하다. 원목 통판으로 높은 천장까지 반원을 그리며 휘돌아 내리는 구조물은 단순미의 경지에 오른 아치 디자인의 묘미를 보여준다.

The 2nd entrance is the passage to go into Cosmic Hall, and once you open the door and enter inside, a magnificent arch tunnel unfolds in front of you. The space used African Afromosia in brown and light golden colors to create Europen semi-classic interior. The pumpkin-shaped flower lamp hanging down from the middle of the ceiling warmly lite up the room. The six indirect lights shining through both sides of the tunnel's walls are also mysterious. The structure that sweeps up to the high ceiling with solid wood demonstrates the beauty of arch design that reached the peak of simplistic beauty.

우주관의 제2 현관 출입문
The 2nd entrance door of the Cosmic Hall

ROOM 11

심포니홀
Symphony Hall

수종 Species
월넛, 도우시, 메이플, 부빙가, 웬지, 체리, 샤벨, 파덕 등 50여 종
Walnut, Doughsy, Maple, Bubinga, Wenge, Cherry, Sapele, Padauk, etc.

원산지 Origin
미국, 캐나다, 중남미, 아프리카, 동남아 등
America, Canada, Latin America, Africa, Southeast Asia, etc.

용도 Use
고급 건축 내외장재 일체, 고급가구재, 공예재, 마루재 등
High-end interior and exterior materials, high-end furniture materials, crafts materials, etc.

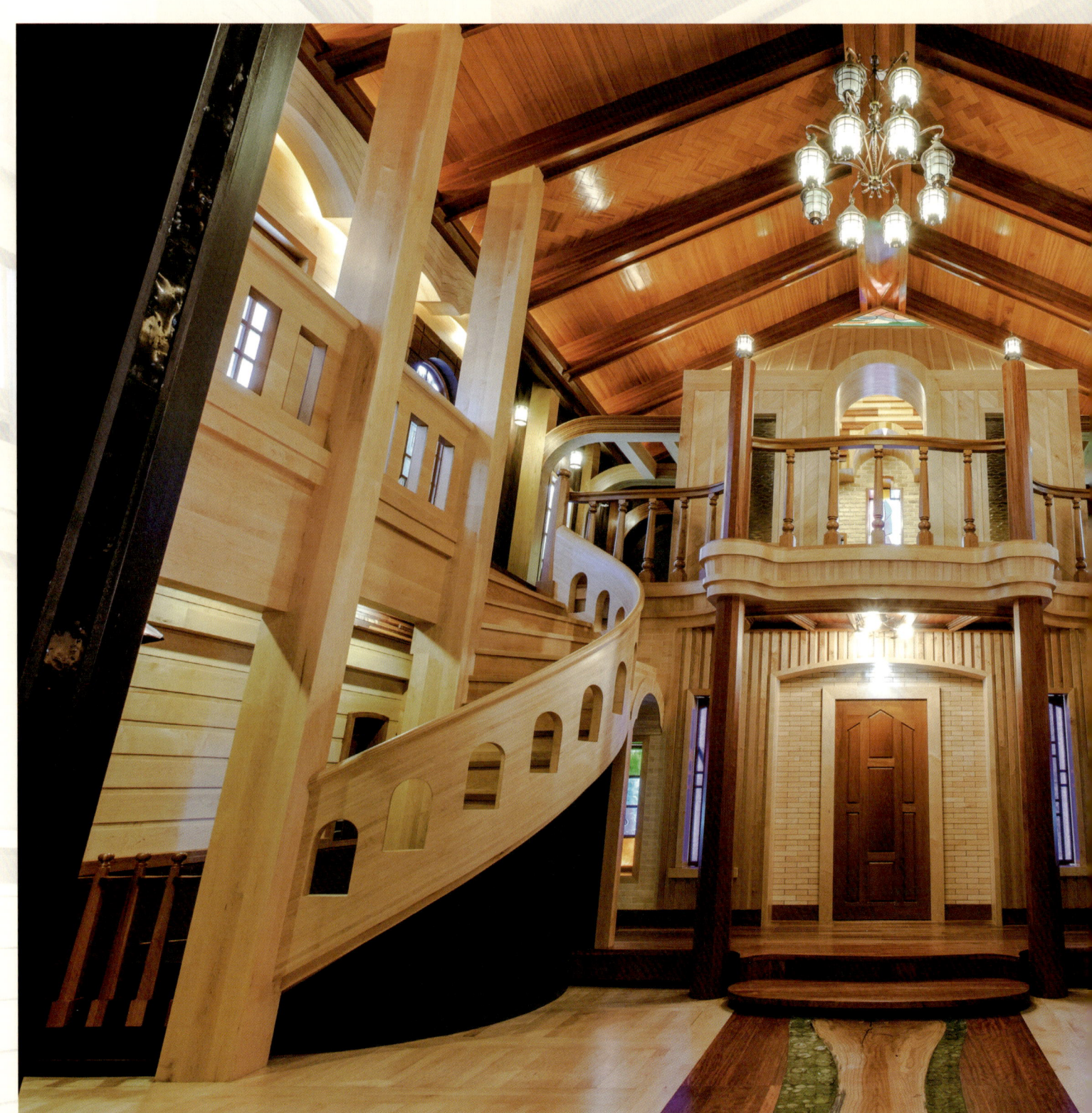

심포니홀이란 심포니 오케스트라의 조화로운 연주 속에서 아름다운 선율이 흘러 나오 듯, 목눌관 인테리어 또한 복잡 다단한 어지러움 속에서 현란한 아름다움을 조화롭게 연출해낸다. 바로 그 '조화'라는 오묘한 뜻이 담긴 심포니에서 의미를 부여받았다. 실내 전체 6면을 50여 종의 특수목을 독창성을 발휘하여 인테리어 하였다. 심포니홀 입구에 설치된 웅장하고 육중한 6m 높이의 '생명의 문'이 열리면서 나무들의 교향곡이 울려 퍼진다.

심포니홀에는 11m 대형 집성목 고야 천장 대들보와 개울가 느티나무 오솔길 형상의 바닥이 있어 그 길을 따라 열린 공간을 두루 살피다 보면 2층 금자탑이 우뚝 올려다 보이고 좌우에는 모든 공간을 한눈에 휘어 감는 나선형 계단이 눈길을 끌어당긴다.

Just like a beautiful melody flows from the harmonious performance of an orchestra, Symphony Hall and Moknulkwan's interior create a harmony of dazzling beauty amidst the complexity. The hall was given its name a meaning from the symphony with the mysterious 'harmony.' The entire 6 sides of the room were decorated with 50 kinds of special woods showing their originality. The majestic and heavy 6m-tall 'Gate of Life' installed at the entrance of the Symphony Hall opens, and a symphony of trees resonates.

Symphony Hall has a large 11m glulam goya ceiling and a floor in the shape of a zelkova path along the stream. If you look around the open spaces along the path, you can see the two-story golden pagoda and the spiral staircase that entwines the entire space to the left and right.

2층 좌측 회랑
캐나다산 단풍나무(Maple)의 밝은 색 베이지톤으로 우아한 고딕 스타일로 구성했다. 우람한 기둥의 회랑은 절제된 단순미가 돋보인다.

2nd Floor Left Corridor
It is composed in an elegant gothic style with the light beige Canadian maple. The corridor with giant columns stands out for its controlled simplicity.

2층 우측 회랑
캐나다산 단풍나무의 우아한 베이지톤으로 구성한 바로크 스타일의 디자인으로 꾸몄다. 세련된 8 각기둥과 아치형 발코니는 섬세하면서 화려하다.

2nd Floor Right Corridor
It is decorated in a baroque style composed of elegant beige Canadian maple. The stylish octagonal columns and arched balconies are delicate yet glamorous.

좌우 대칭의 원형 계단
심포니홀 중앙에는 좌우 대칭으로 2층의 피라미드룸(금자탑)을 받치고 있는 아름다운 곡선이 선회하는 쌍둥이 원형 계단이 있다. 장인들의 정교한 수공으로 하나하나 다듬질해서 만든 정교한 솜씨가 빛을 발하는 회심의 역작이다. 곡선미를 살린 원형 난간대는 첨단 기법으로 제작된 캐나다산 단풍나무 집성 통목이며 계단 판은 나무 종류와 색상이 각기 다른 32 수종의 특수목을 사용하여 날개를 손 부채골 모양으로 펼쳐서 전개해 특수목 무늬의 다채로움을 표현하였다.

Symmetrical Circular Staircase
In the center of the Symphony Hall, there are twin circular stairs with beautiful curves that symmetrically support the pyramid room on the 2nd floor. It is a masterpiece that shines with the exquisite craftsmanship of elaborate handicrafts of craftsmen who finished the work in detail. The circular handrails with beautiful curves are made of laminated Canadian maple with cutting-edge techniques. The stairs are made of 32 species trees with different types and colors, with spread wings in the shape of a hand fan to create a variety of special wood patterns.

심포니홀 중앙 바닥
심포니 홀 바닥 중앙에는 느티나무(괴목) 통판을 설치했다. 오랜 세월을 견딘 고목의 자연미를 살려 오솔길을 형성화하였다.

Central Floor of Symphony Hall
a zelkova tree was installed at the center of the floor of the Symphony Hall. A path was formed with the natural beauty of an old tree that endured a long time.

심포니홀에서 바라 본 생명의 문
목눌관의 대표작인 6m 높이의 생명의 문은 특수 명목인 도우시 나무로 제작했으며 세계적으로 유래가 없을 정도로 웅장하다.

Gate of Life Viewed from Symphony Hall
The 6m-high gate of life, the representative work of Moknulgwan, is made of Doughsi wood, and is so magnificent that it has no origin in the world.

ROOM 12

피라미드룸
Pyramid Room

수종 Species
애쉬, 오크, 메이플, 글루램 등
Ash, Oak, Maple, Glulam, etc.

원산지 Origin
캐나다, 미국, 러시아, 동남아, 아프리카 등
Canada, the United States, Russia, Southeast Asia, Africa, etc.

용도 Use
고급건축 내장재, 가구재, 공예재, 마루, 식탁, 계단재, 구조재 등
Luxury building interior, furniture, craft, floors, tables, stair, structural materials, etc.

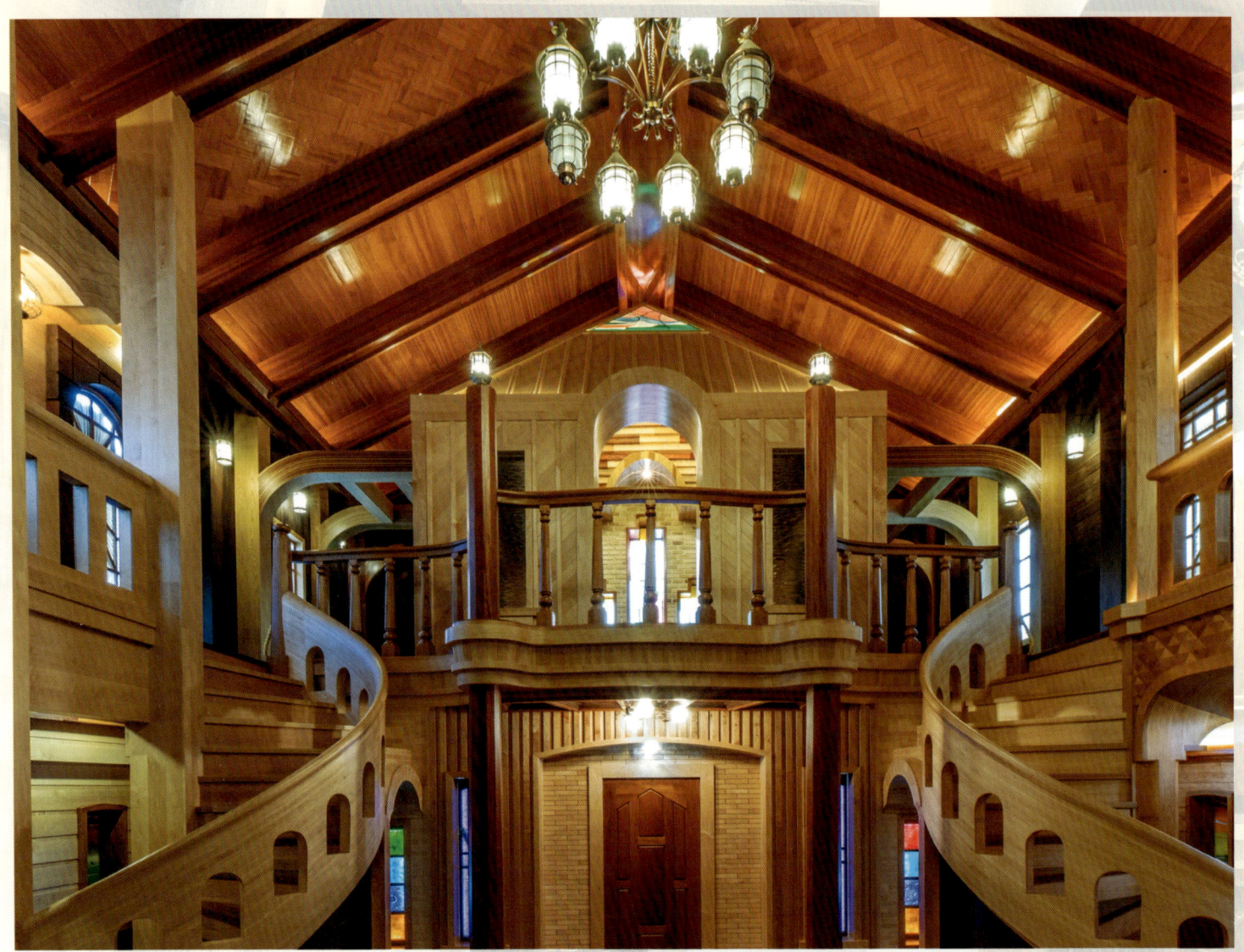

피라미드를 한자로 옮기면 금자탑(金字塔)이 된다. 금자탑은 '영원한 가치가 있는 훌륭하고 위대한 업적'을 뜻하는 말로 쓰인다.
심포니홀의 열린 공간 2층 중앙에 위치한 피라미드룸은 우뚝 선 첨탑과 스테인드글라스의 다채로운 색유리 빛이 영롱한 목눌관의 금자탑이다.
파라미드룸은 40여 수종의 원목과 색상이 각기 다른 소재를 조화롭게 혼용하여 피라미드를 연상시키는 방의 내부구조를 디자인하였다.
우주의 에너지가 발산한다는 의미의 피라미드 첨탑은 스테인드 글라스로 마감하였다.

Pyramid translated into Chinese characters become a golden pagoda. The expression is used as a term to refer to 'a great achievement of eternal value'.
Located at the center of the 2nd floor of the open space of the Symphony Hall, Pyramid Room is the monumental tower of Moknulkwan with a towering spire and colorful stained glass.
Pyramid Room designed the interior structure reminiscent of a pyramid by harmoniously mixing 40 different types of wood and materials of different colors.
The pyramid spire, which symbolizes the energy the universe radiates, is finished with stained glass.

2층 측면에서 본 피라미드룸
피라미드룸은 내부와 외부로 구성되어 있다. 외부에는 심포니홀 전경을 볼 수 있는 발코니와 심플한 아치형 출입문을 설치하였다.

Pyramid Room Viewed from the Side of the 2nd Floor
The Pyramid Room consists of an interior and an exterior design. Outside is installed with a balcony with a view of the Symphony Hall and a simple arched door.

내부 스테인드 글라스 창
피라미드 룸을 대표하는 색유리창은 독일산 스테인드 글라스 작품이다. 창문 주변은 낭만적인 뭉게구름 형상의 캐노피로 장식했다.
창틀 주변을 나무 벽돌로 쌓아 고풍스러운 벽체와 스테인드 글라스 그리고 피라미드형 천장은 조화로운 대비를 이룬다.

Interior Stained Glass Window
The colored glass windows that represent the Pyramid Room are works made in Germany. The surrounding of the window was decorated with a romantic cloud-shaped canopy.
The antique walls with the wooden bricks around the window frame, stained glass, and pyramid-shaped ceilings create a harmonious contrast.

룸 내부 발코니 문

기품 있는 아치형 출입문. 피라미드룸 안에서 심포니홀 전경을 한눈에 내려다볼 수 있는 발코니로 통하는 우람한 문이다.

Balcony Door Inside the Room

Elegant arched entrance door. It is a giant door that leads to the balcony where you can overlook the entire Symphony Hall from within the Pyramid Room.

좌측 미닫이문 및 우측 미닫이문

피라미드룸 정면의 스테인드 글라스 창과 대비하여 좌측에는 피어오르는 뭉게구름을 형상화한 미닫이 문을, 우측에는 창공을 나는 학의 날갯짓을 형상화한 미닫이 문을 설치하였다.

Left and Right Folding Doors

In contrast to the stained-glass window in front of the Pyramid Room, there is a folding door in the shape of a rising cloud on the left and another in the shape of the flapping of a crane in the sky on the right.

파라미드 형의 천장 장식과 천장 정중앙의 스테인드 글라스
피라미드룸의 천장을 장식하기 위해 40여 종의 특수 목재의 색상과 길이가 다른 나무토막들을 집성 가공한 소재를 혼용하였다. 독창적인 천장 장식을 위해 피라미드 사각뿔 첨탑 부분은 스테인드 글라스로 마무리하였다.

Pyramid-shaped Ceiling Decoration and Stained Glass at the Center of the Ceiling
40 species of special wood materials of different colors and lengths were mixed and processed together to decorate the ceiling of the Pyramid Room. For a unique ceiling decoration, the pyramid spire is finished with stained glasses.

ROOM 13

오크룸
Ork Room

수종 Species
오크, 마호가니
Oak, Mahogany

원산지 Origin
미국, 중남미, 인도, 아프리카, 동남아 등
America, Latin America, India, Africa, Southeast Asia, etc.

용도 Use
고급 건구 가구재, 내장재, 마루재, 계단재, 공예재, 무늬목, 우드슬랩 등
Luxury dry furniture, interior, flooring, staircase craft, patterned wood, wood slabs, etc.

우주관에서 바라본 오크룸의 창과 외벽
오크룸 외벽은 나무 벽돌로 쌓아 올린 벽체와 견고해 보이도록 마호가니 기둥으로 구성하였다. 기둥 안쪽 벽면은 자연스러운 아카시아 원목 판재를 사용해 물결 느낌을 표현하였다.

Oak Room's Window and External Wall Viewed from Cosmic Hall
The exterior wall of the Oak Room is composed of wooden brick walls and mahogany columns to give it a solid look. The inner wall of the column uses natural acacia wood board to express the sense of waves.

2층 동쪽 복도 끝에 다다르면 우주관이 내려다보이는 로미오와 줄리엣 창문이 있는 아담한 별당이 오크룸이다. 오크로 인테리어 한 넓지 않은 공간에서 나무들의 합창 소리가 울려 퍼질 듯, 아름다운 스토리가 서려있을 것만 같은 분위기를 심어 놓았다.

At the end of the east corridor on the 2nd floor, there is the Oak Room, a small separate building with a Romeo and Juliet window overlooking the Cosmic Hall. The sound of the chorus of trees resonates in a small space decorated with oak, creating an atmosphere where a beautiful story seems to exist.

내부 벽체 장식
Inner Wall Decoration

천장 문양
현란하게 부서지는 프리즘의 빛 이미지를 구현한 오크룸 천장 디자인과 내부 벽체 디자인은 개성이 두렷한 천연 목재의 서로 다른 색상과 문양, 질감이 조화롭게 어우러져 아름다움을 자아낸다.

Ceiling Patterns
The Oak Room's ceiling design and the inner wall design represent the image of light dazzlingly broken into prism. The different colors, patterns, and textures of natural wood with distinct personalities harmonize to create beauty.

ROOM 14

아폴로룸
Apollo Room

수종 Species
체리, 월넛, 부빙가, 오크, 티크, 비치, 엘다, 메이플, 샤벨 등
Cherry, Walnut, Bubinga, Oak, Teak, Beach, Elda, Maple, Shabel, etc.

원산지 Origin
미국, 캐나다 등 세계 각 처
America, Canada and other countries around the world.

용도 Use
고급주택 내외장재, 고급가구재, 공예재 등
Luxury house interior and exterior materials. Luxury furniture materials and other various use, wood slabs, etc.

태양의 신을 뜻하는 아폴로의 이름을 딴 아폴로룸은 태양을 중심으로 돌고 있는 우주 만물의 생명력을 표현하였다. 태고적부터 만물의 생성과 소멸을 상징하는 태양을 중심으로 힘차게 회전하는 회오리 형상의 시각적 모티브는 나무와 인간과의 관계뿐만 아니라 모든 생명 탄생의 비밀을 간직한 듯하다. 다양한 수종의 잔재들을 혼합 활용하여 천장의 중앙을 향해 소용돌이치는 와선 패턴의 원형 벽면은 우주의 중심인 태양을 향해 비상하는 아폴로 우주선의 속도감을 실감케 한다.

Apollo Room, named after Apollo, the god of the sun, expresses the vitality of all things in the universe revolving around the sun. The visual motif of the whirlwind, revolving around the sun that symbolizes the creation and extinction of all things since time immemorial, seems to hold the secret of all life's birth as well as the relationship between trees and humans. The circular wall with spiral patterns swirling toward the center of the ceiling by mixing and using the remnants of various tree species lets you feel the speed of the Apollo spacecraft soaring toward the sun, the center of the universe.

내부 덧창문 장식
휘몰아치는 아폴로 우주선의 화염 폭풍에 휘어지는 거목 형상을 가져와 창문을 장식하였다.

Inner Layered Window Decoration
A giant tree that bends at the strong wind.

와선 벽체 장식
비상하는 아폴로 우주선의 속도감을 표현한 디자인.

Spiral Wall Design
The design that expresses the speed of Apollo spacecraft that soars to the sky.

우주관에서 바라본 아폴로룸의 창과 외벽
오크 나무와 아프로모시아 나무로 장식된 창과 외벽.

Apollo Room's Window and External Wall Viewed from the Cosmic Hall
Window and external wall decorated with oak and Afromosia tree.

역동적인 천장 장식과 조명 등
지상에서 우주로! 우주 비행선의 화염을 상징하는 아폴로룸의 천장. 아폴로룸 인테리어는 목눌관 공사에서 사용했던 모든 수종의 잔재물을 모아 재가공한 소재들을 이용해 원통형 룸 내부를 시간과 빛을 넘나드는 우주의 끝을 표현하려 했다. 원통형 벽체의 룸은 벽체를 타고 회오리쳐 오르는 속도감을 역동적으로 형상화하였다.
소재의 다양성을 혼합하여 화합과 조화를 통한 우주의 끝에 닿으려는 인간의 꿈과 희망을 이루려는 정점을 표현하였다.

Dynamic Ceiling Decoration and Lamp
From Earth to Space! The ceiling of the Apollo Room symbolizes the flames of the spaceship. The interior of Apollo Room used materials that were collected from the remnants of all kinds of trees used in the construction of Moknulkwan and attempted to express the end of the universe that transcends time and light. The room with a cylindrical wall dynamically embodies the sense of speed that climbs in a whirlwind along the wall. By mixing various materials, it expresses the apex of achieving human dreams and hopes to reach the end of the universe through harmony.

PART 3

목눌관을 느끼다
Feeling Moknulkwan

스케치 드로잉
Sketch Drawings

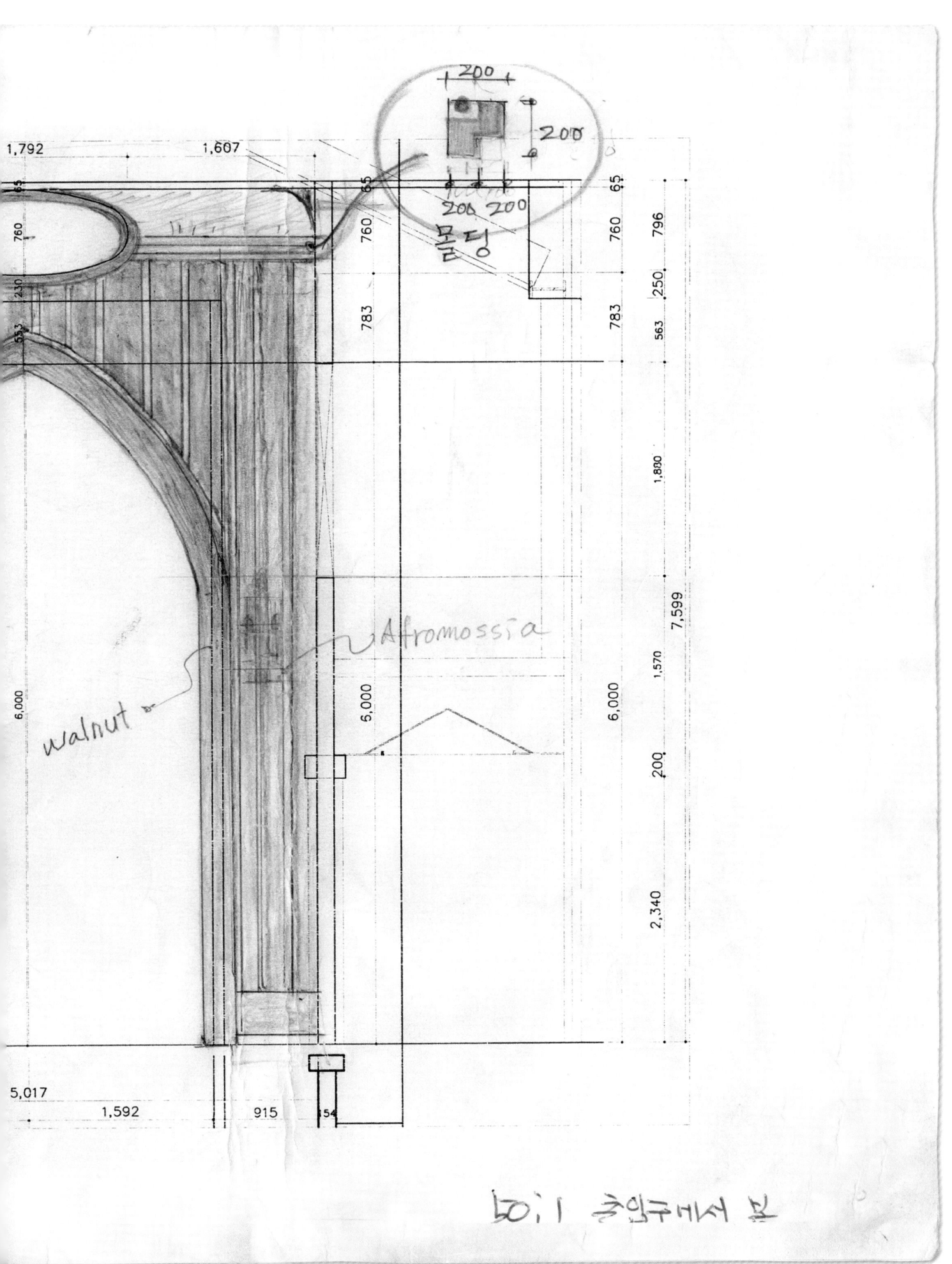

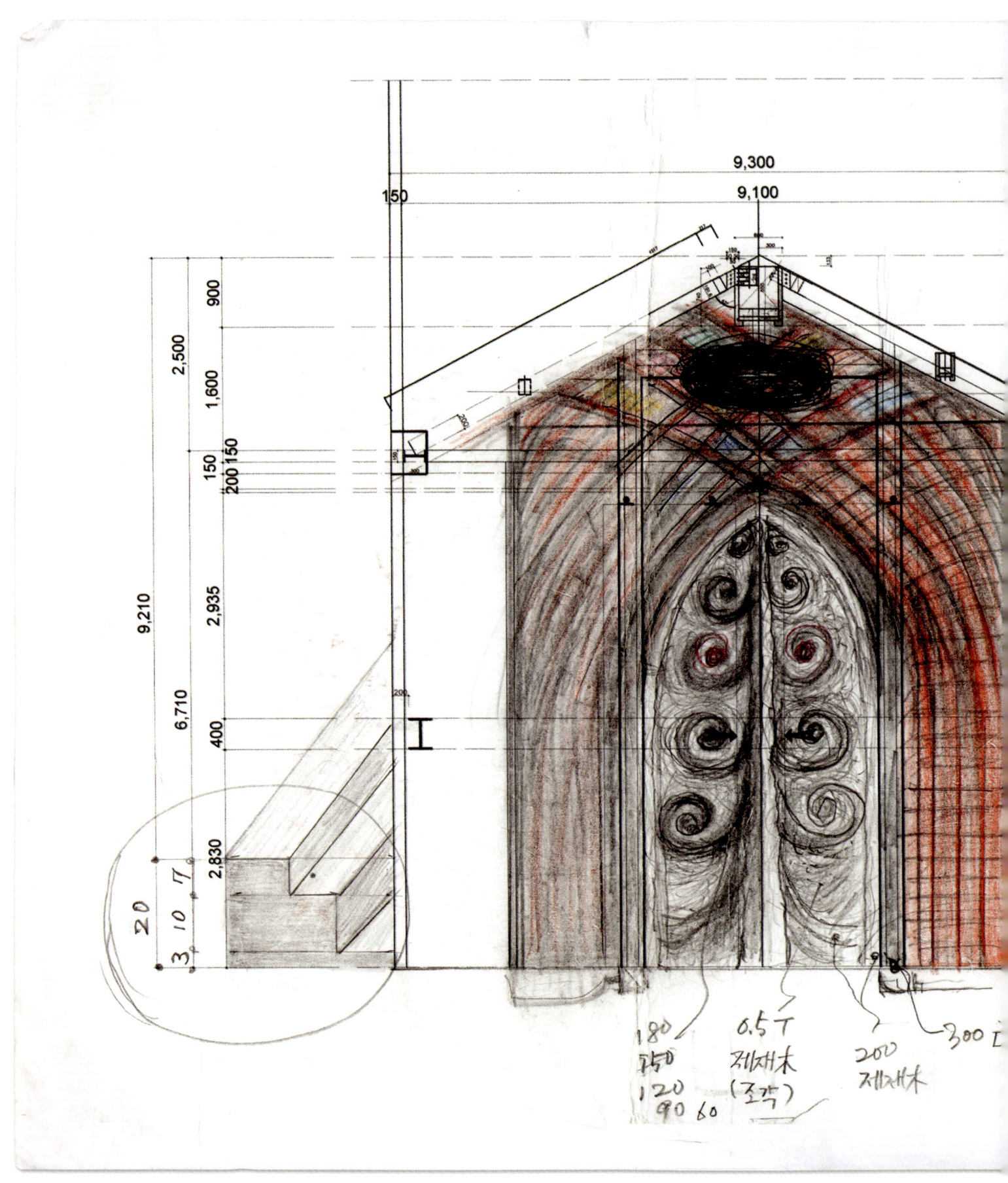

153

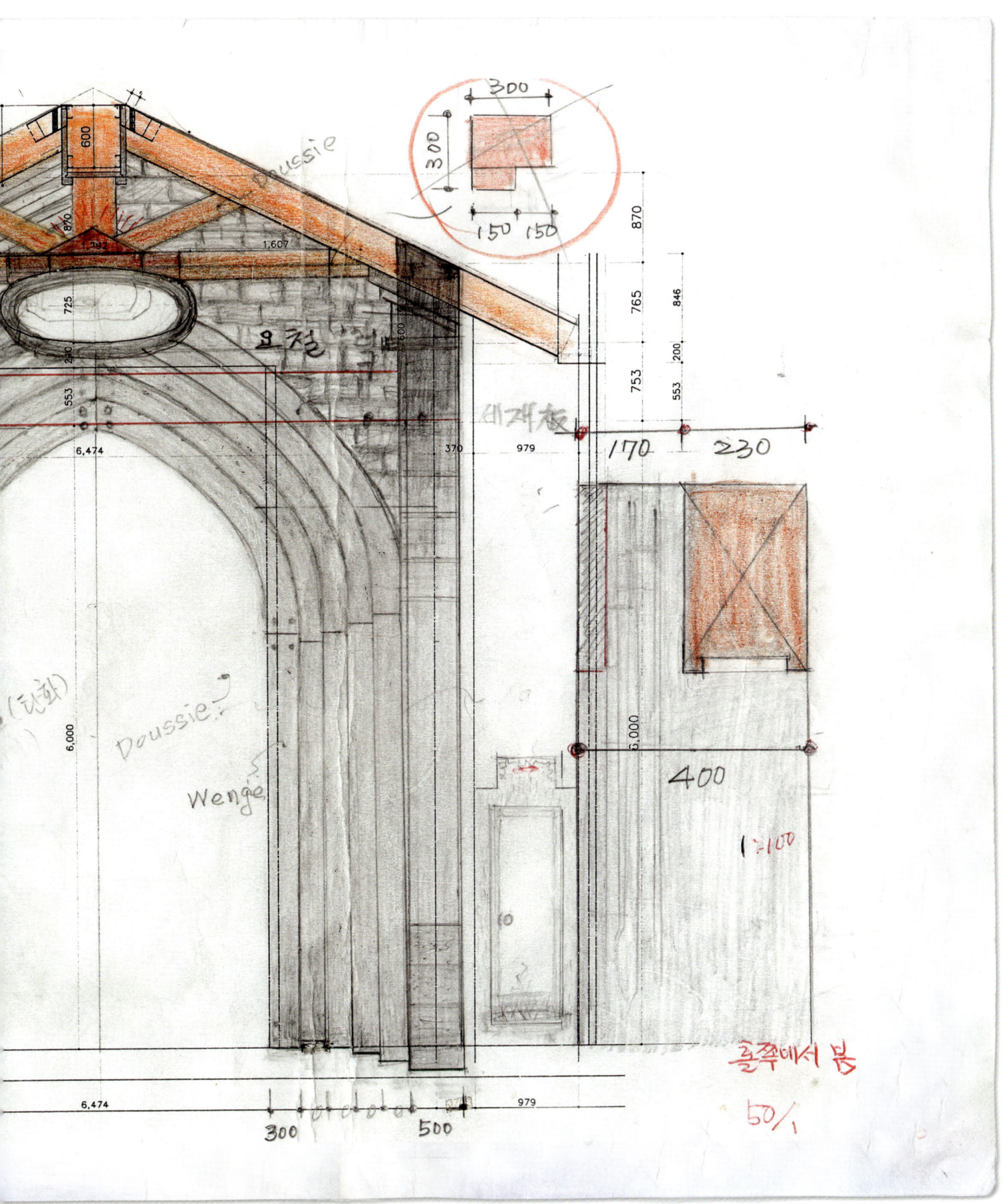

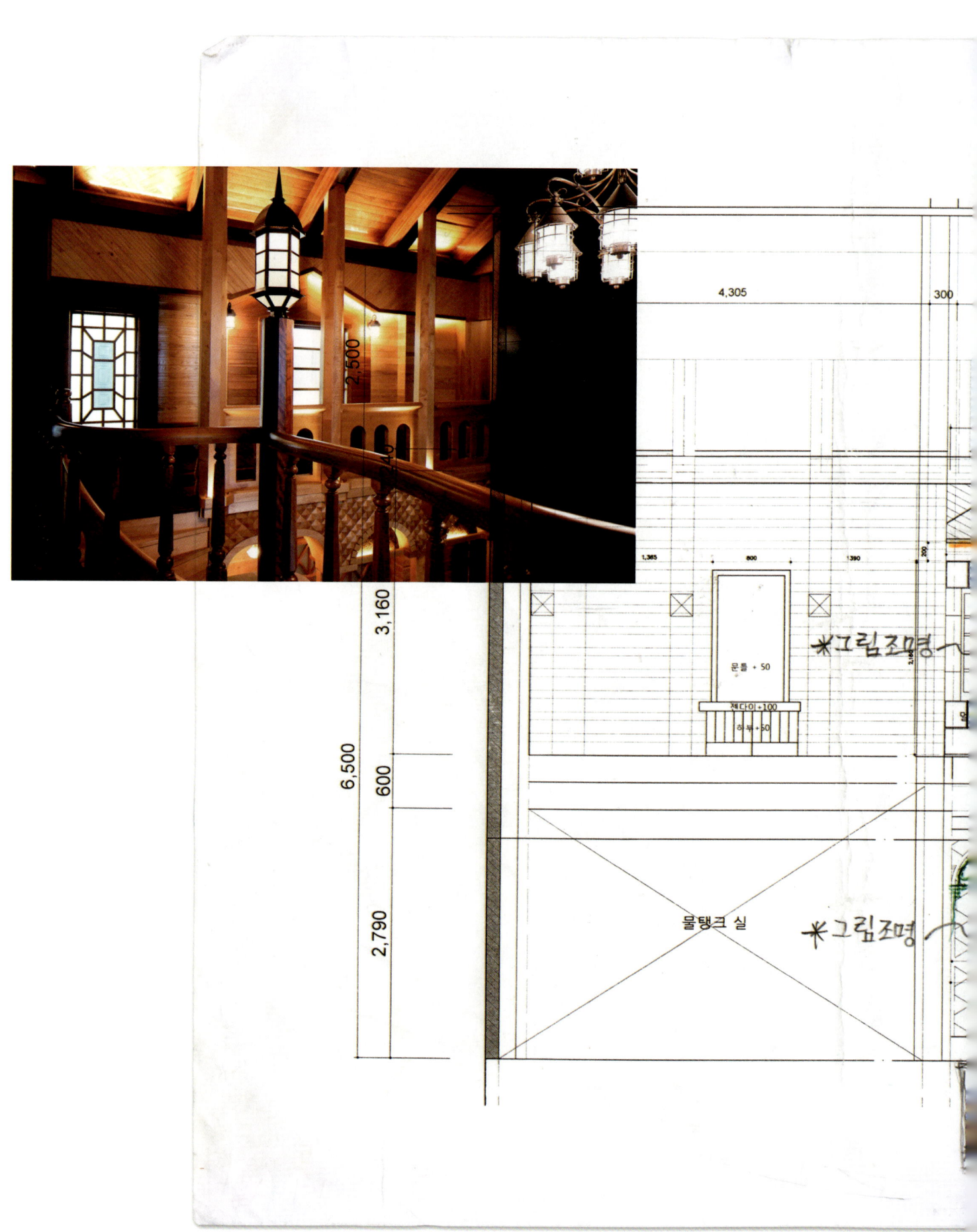

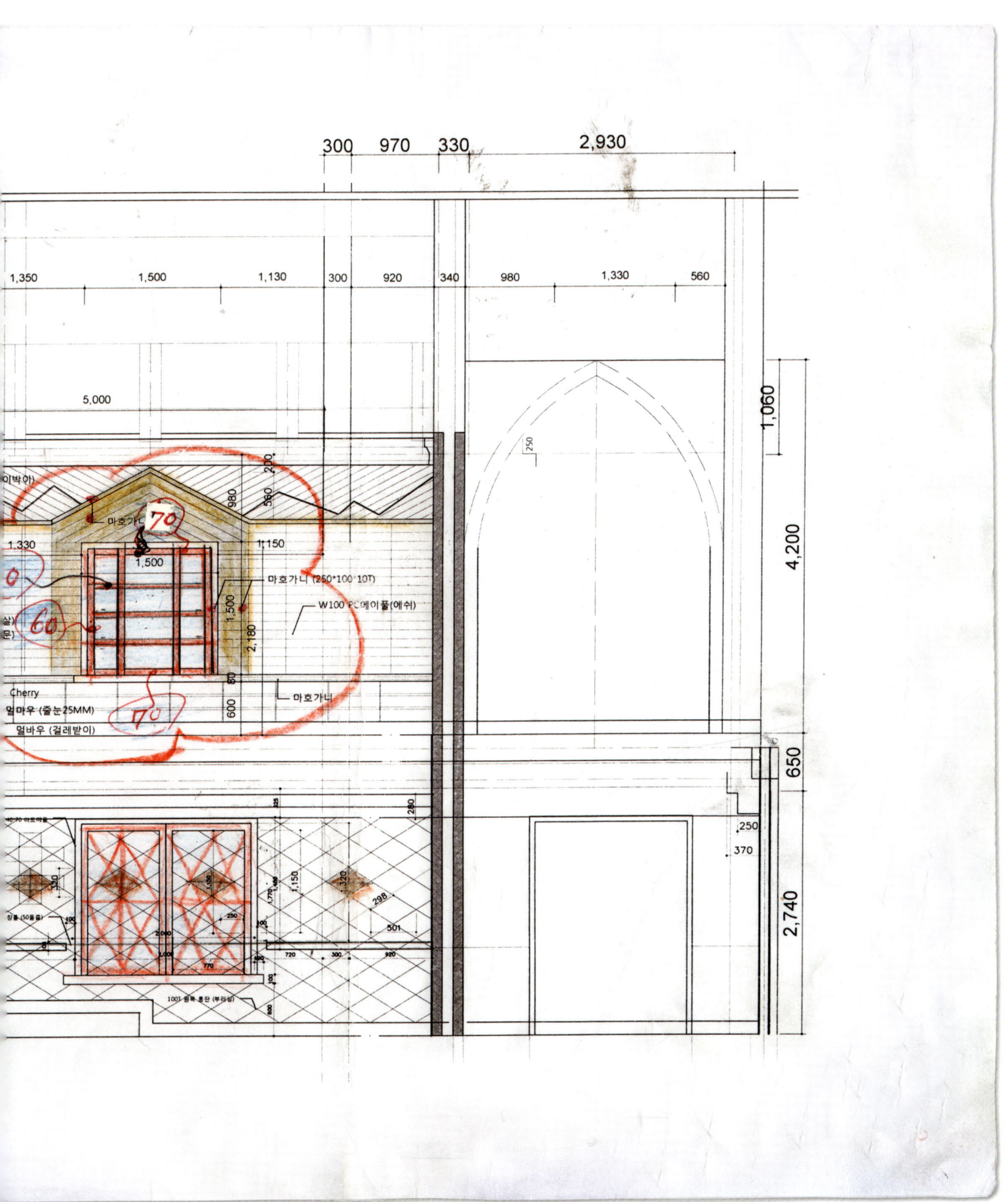

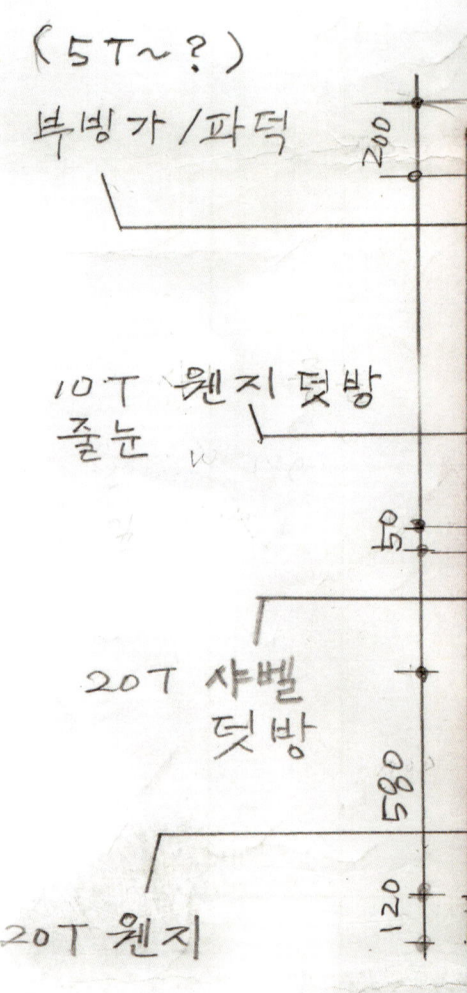

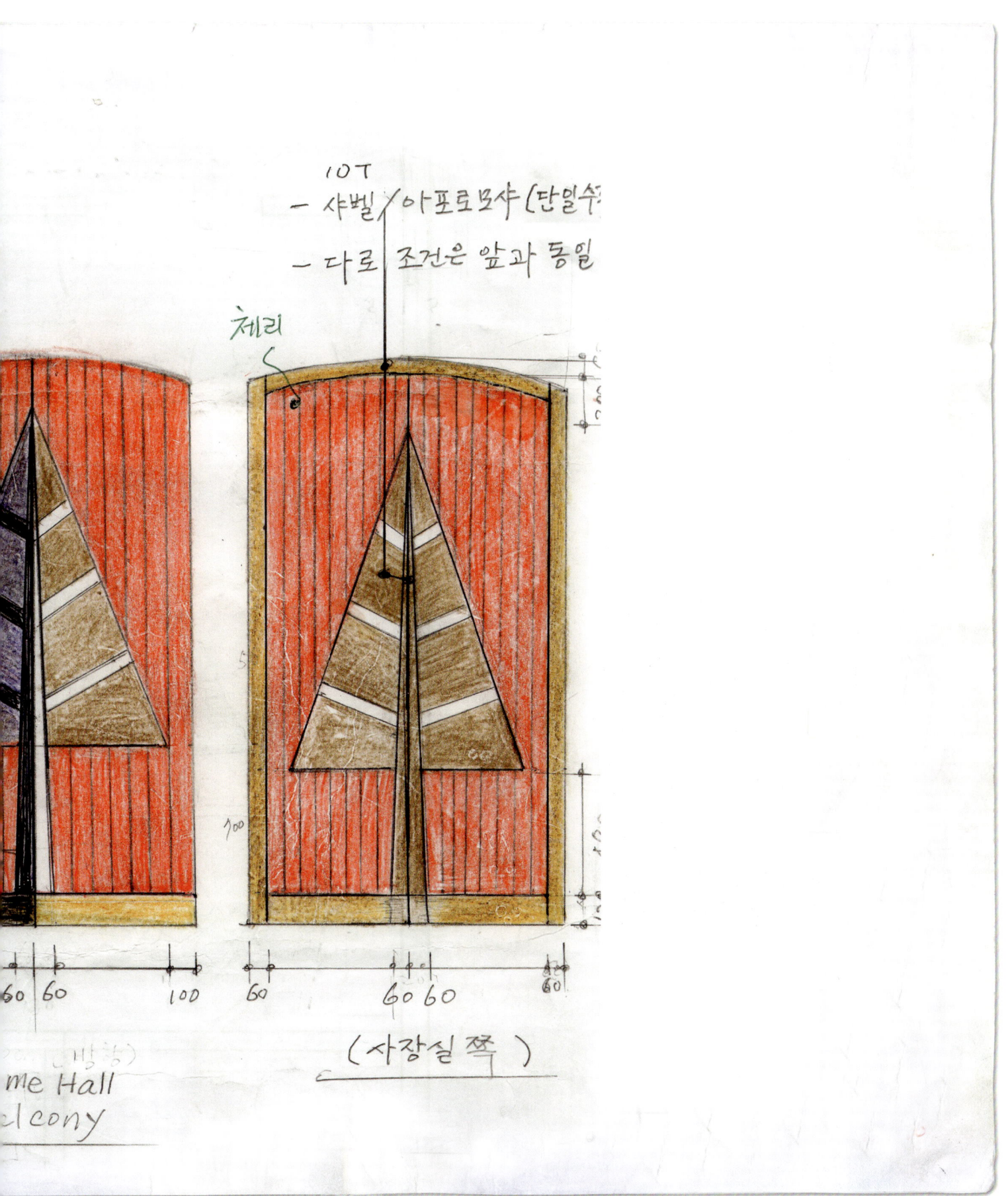

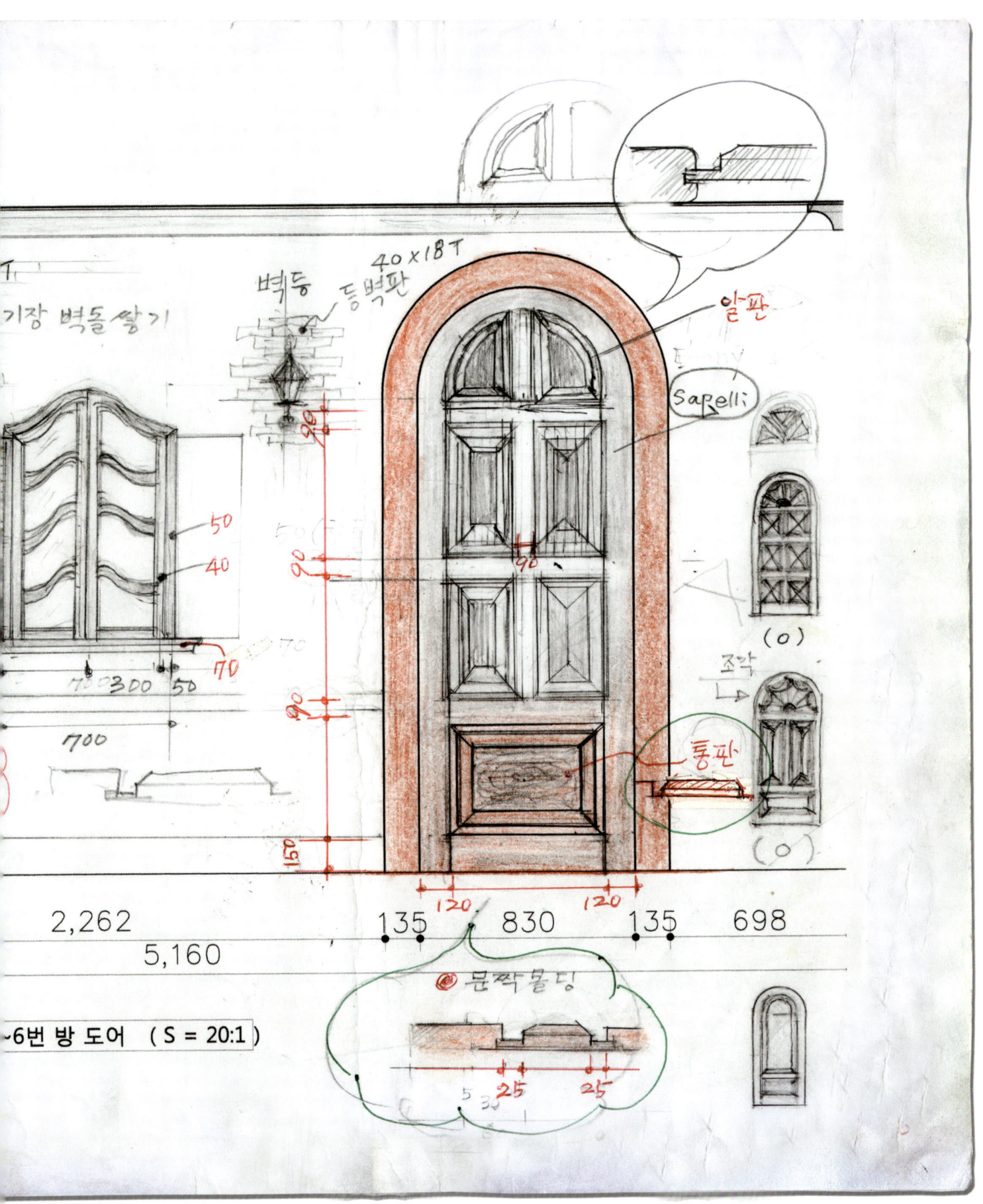

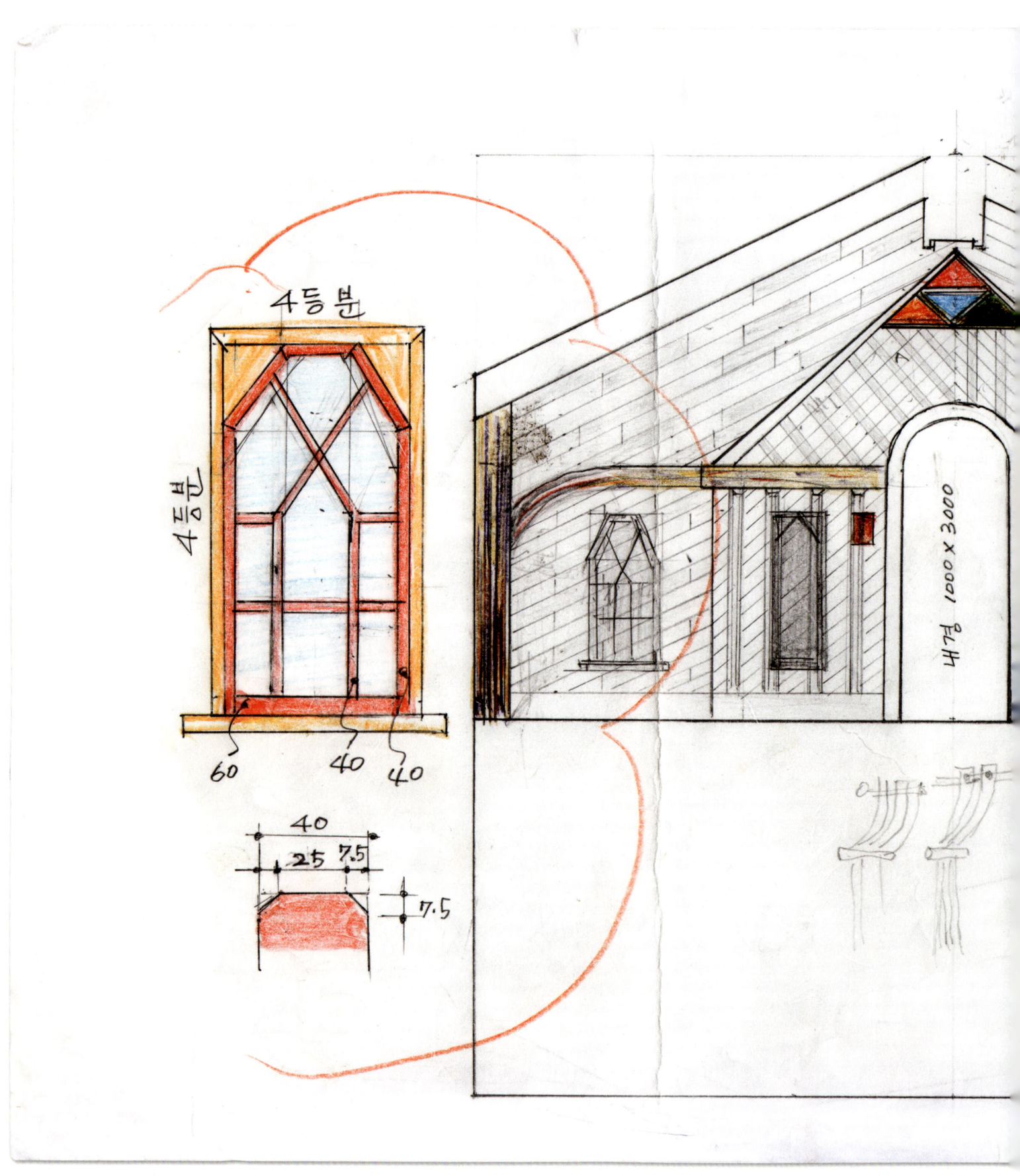

- 무지개 집성
- 메이플/백합/버치
- 규격 변경
- 벽체 : 150 스기
         체리

무지개
(Rainbow
글루램)

cherry

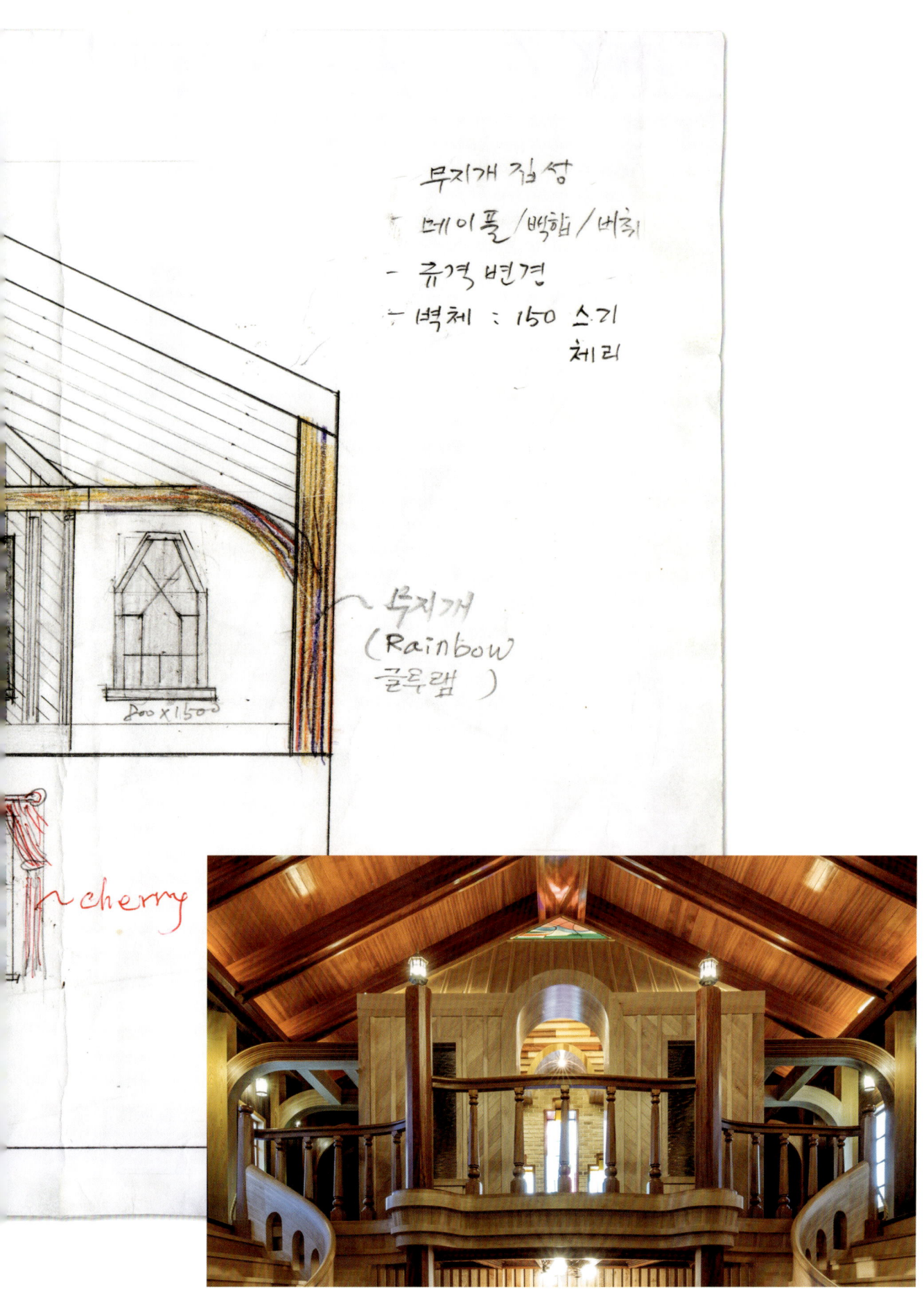

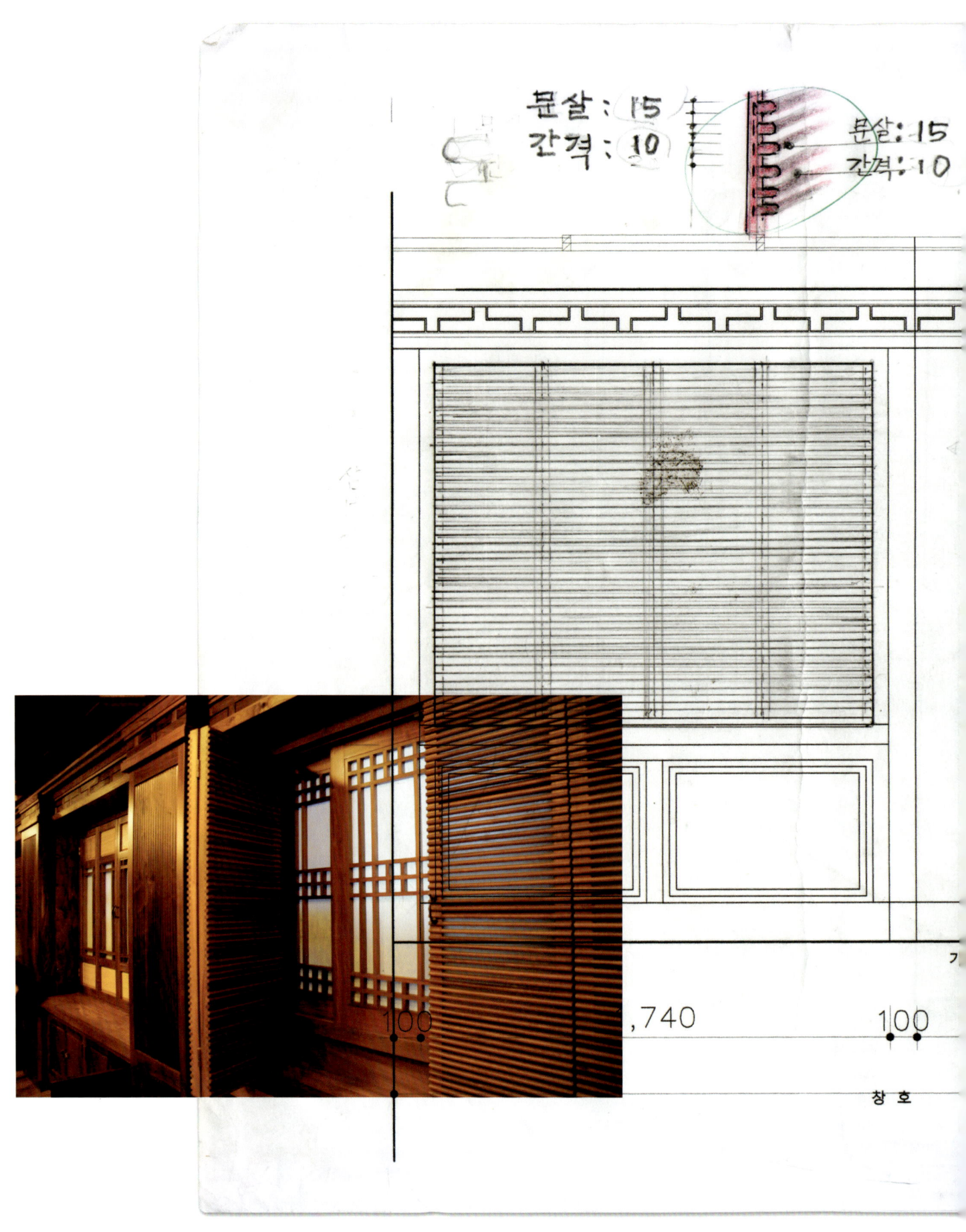

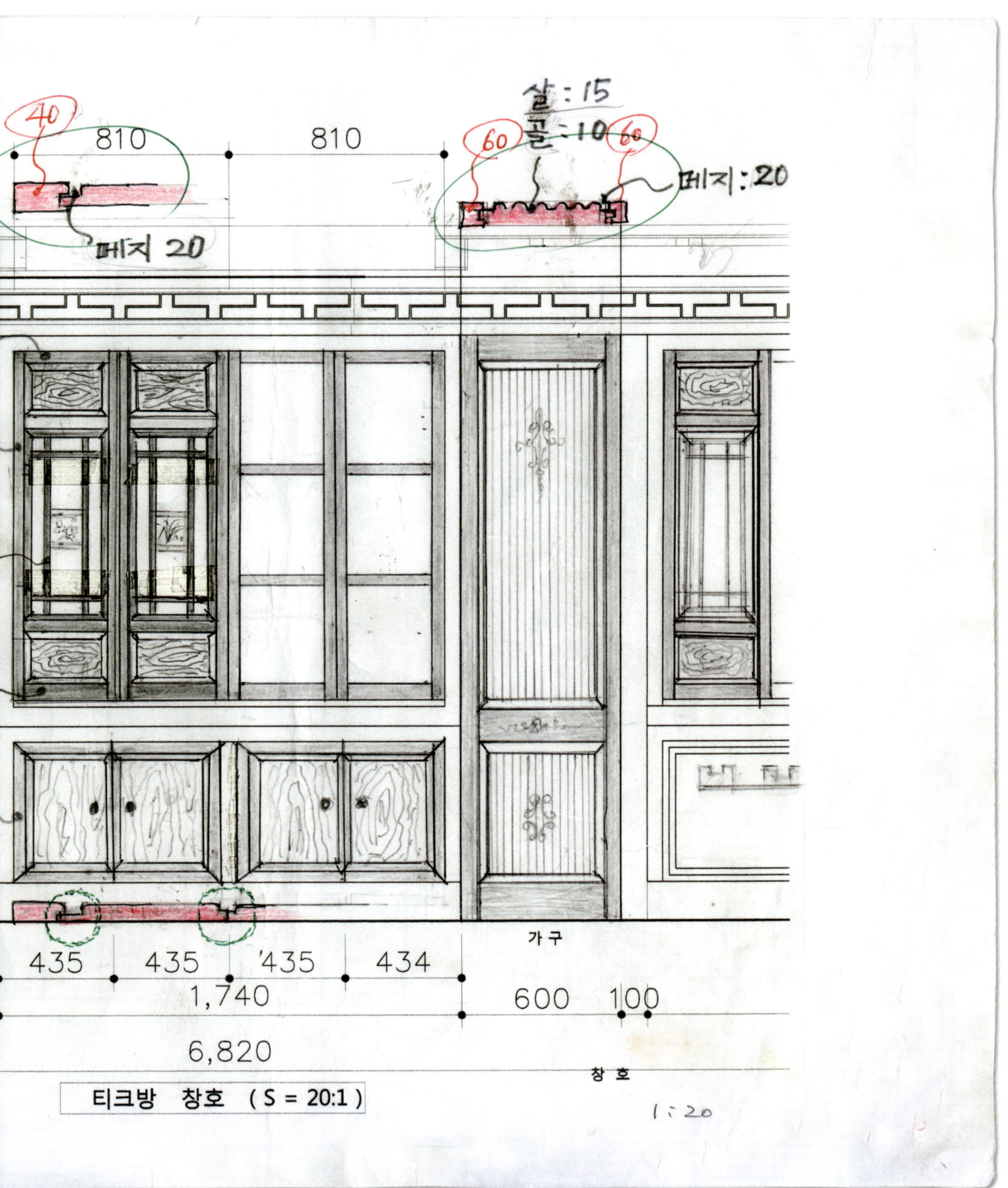

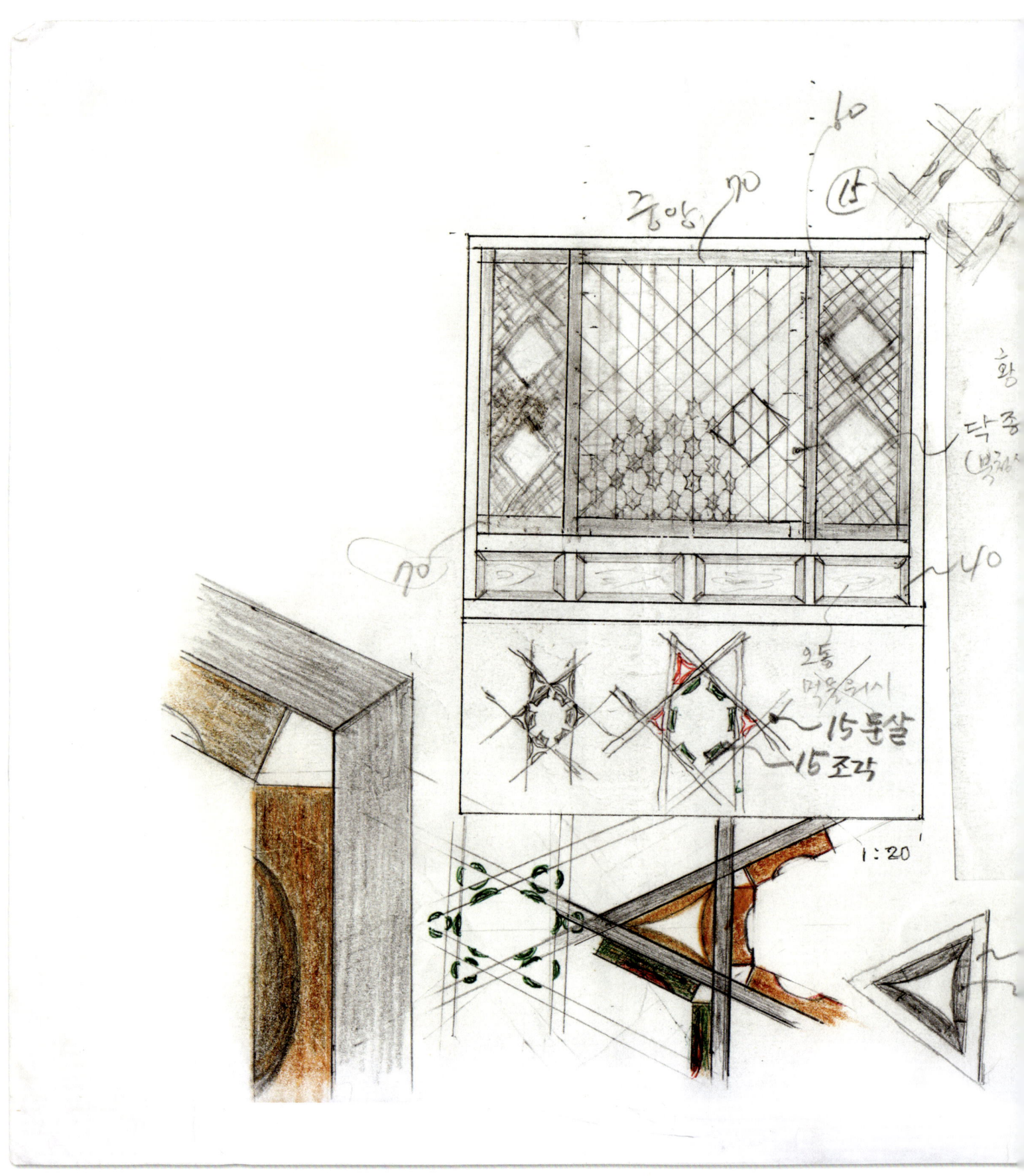

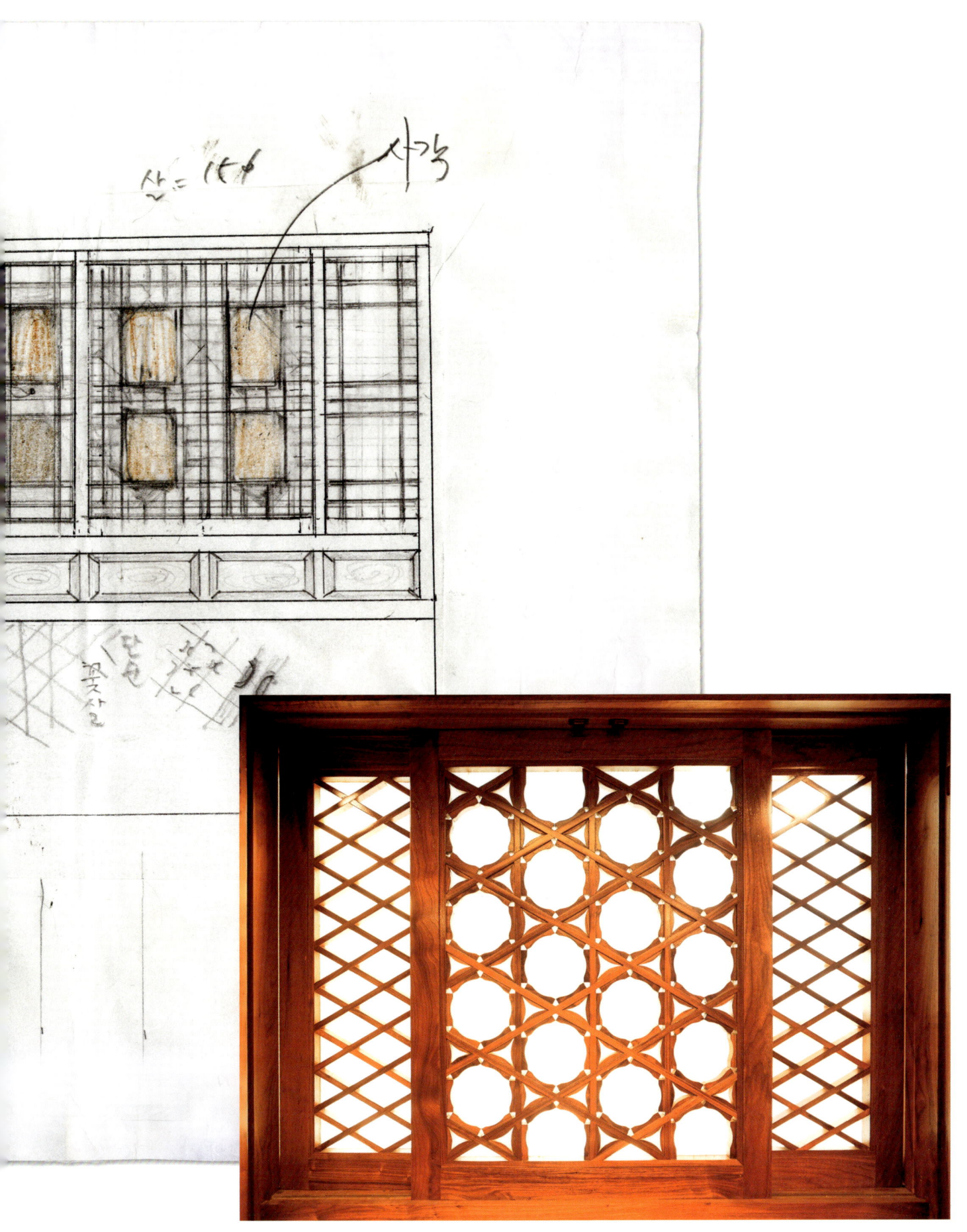

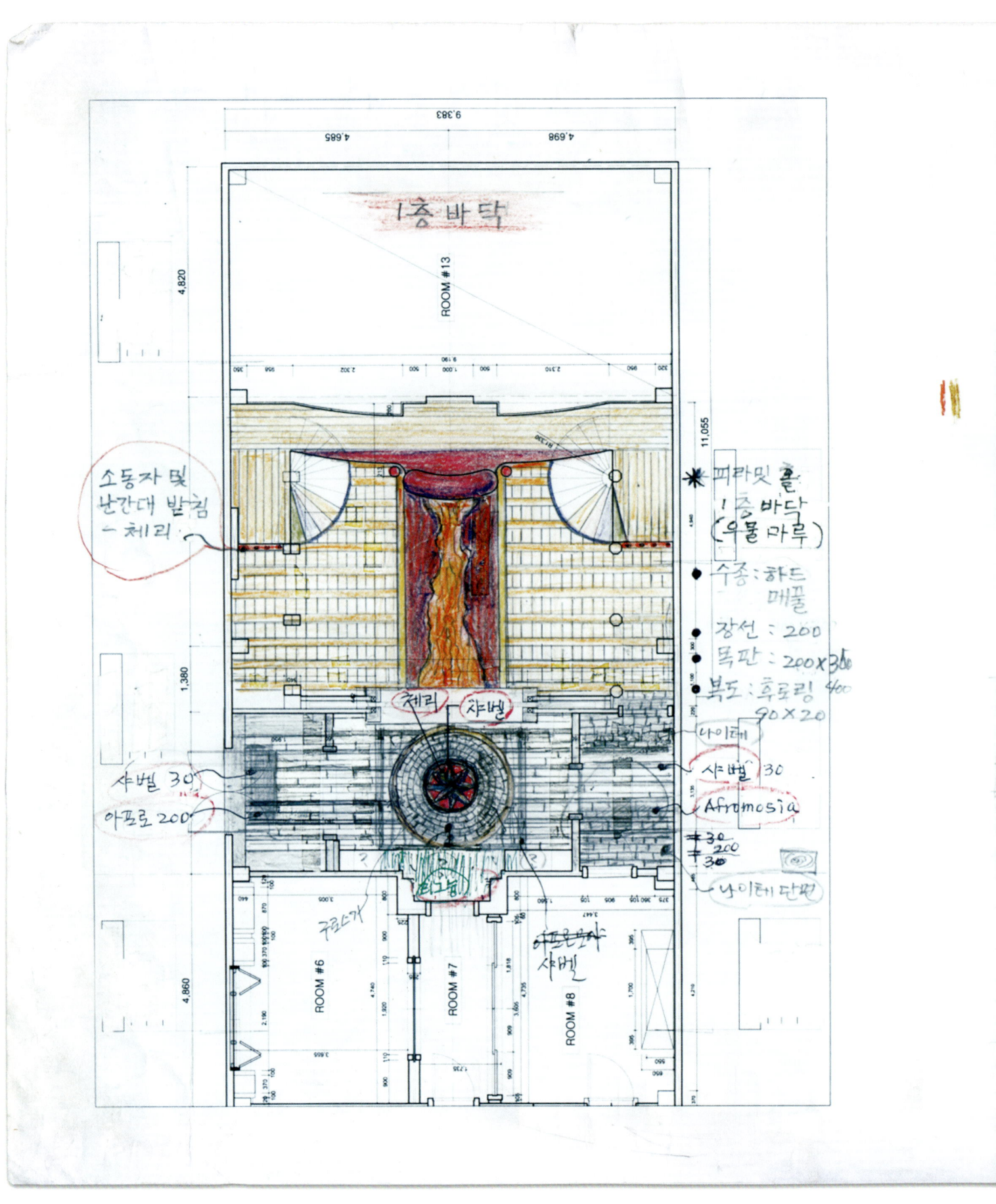

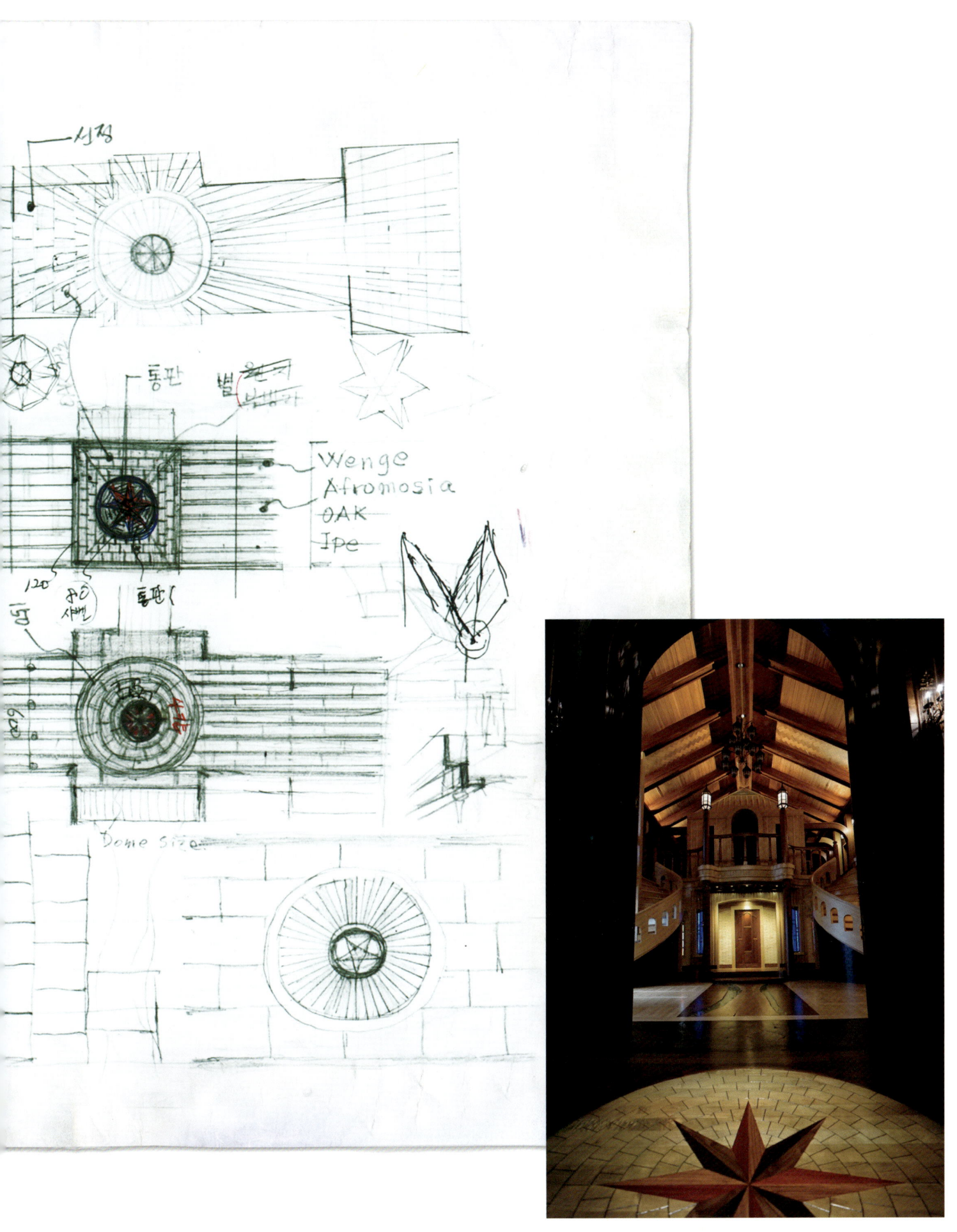

창가쪽
보기

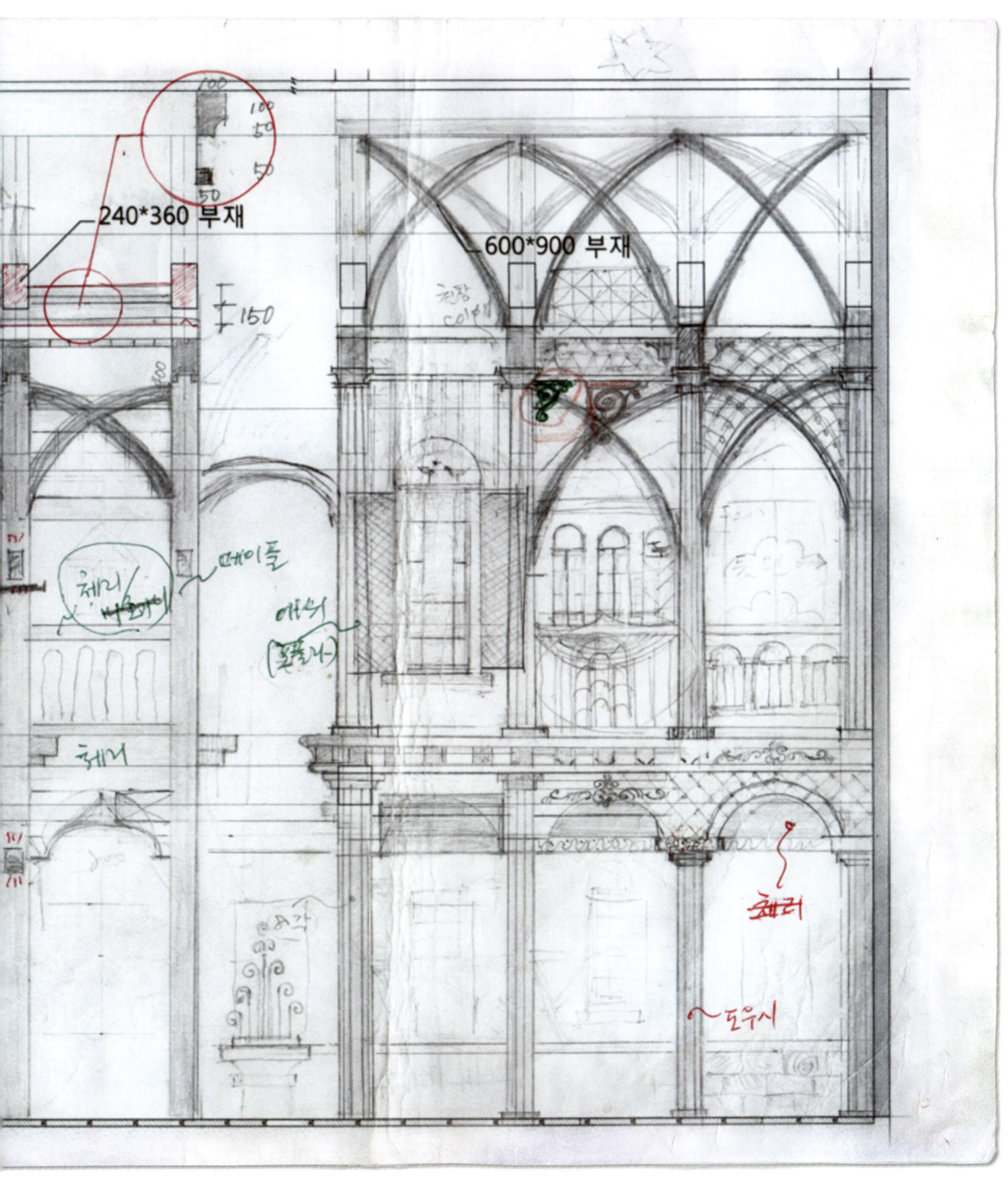

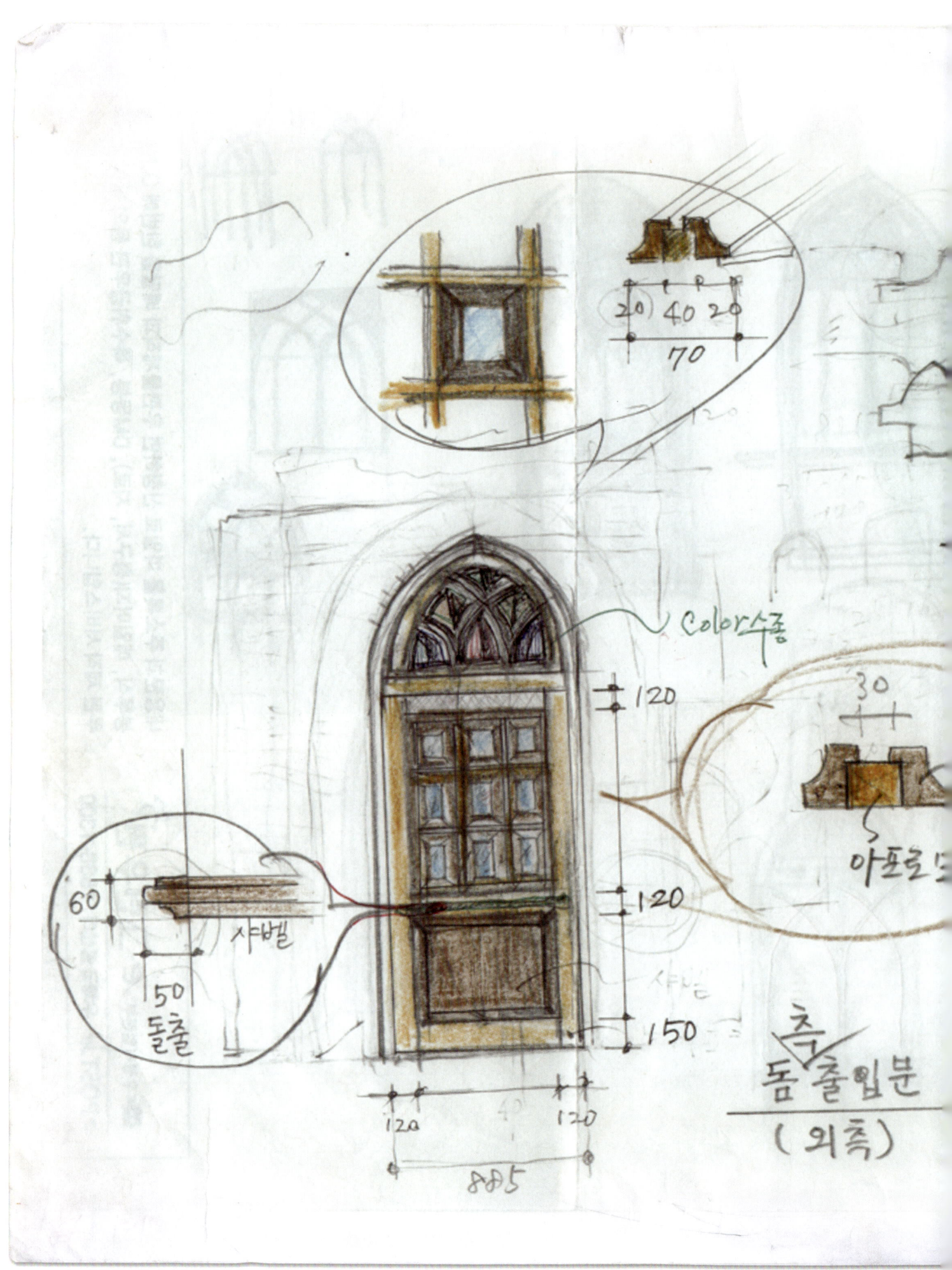

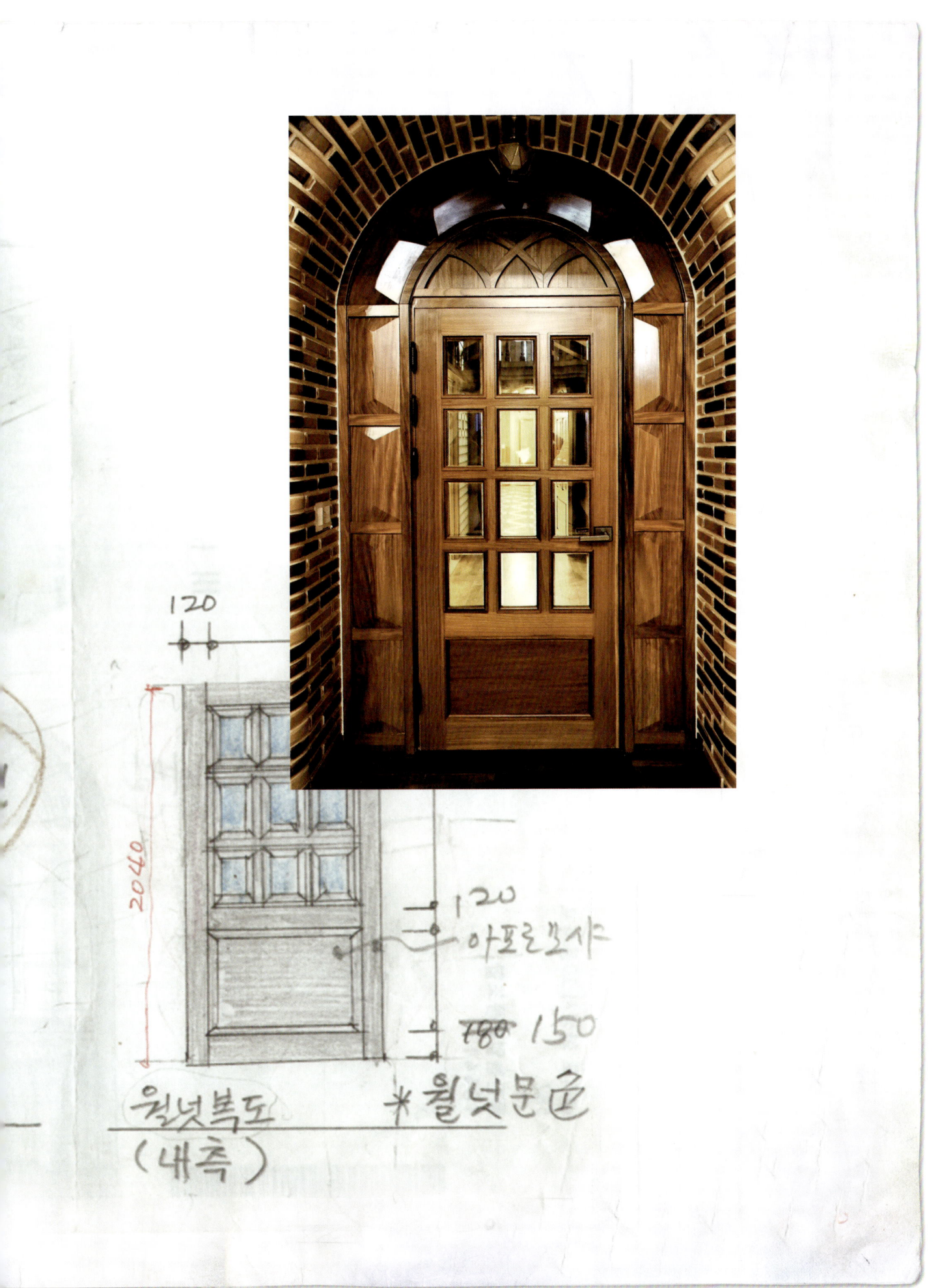

2040

120

120
아프로프사

780 150

월넛복도
(내측)

＊월넛문

에필로그

목눌관 개장 이래, 목눌관을 방문하여 아낌없는 찬사와 격려를 해주신 많은 분들께 감사드린다. 방명록에 남겨진 그분들의 소중한 메시지와 따뜻한 필체를 이 책에 담아 감사의 뜻을 전한다.

Epilogue

I would like to thank the many people who have visited Moknulkwan and have given generous praise and encouragement since the opening of the exhibition hall. I put their precious messages and warm handwriting left in the guestbook in this book to express my gratitude.

Aug 13, 2017

We were privileged to have a tour of the amazing craftmenship illustrating the beauty of so many different species from around the world. I have never seen anything like this in over 30 years I have spent in the industry. This is a clear illustration of how to bring the beauty of the outdoors inside. Each room tells a unique story and highlights each specie with a story.
This was truly an inspiring experience for my wife and I and we are thankful to have had this opportunity.

Thank you so much!
Kind Regards,

Don Barton
Vice President Sales + Marketing
Northwest Hardwoods

SEPT 06 2017

I am fortunate to know Mr. Moon for many years. What a privilege to see what he have done as "the most beautiful" show room "100% wood" I ever see on my life.

Congratulation for the beautiful work you have done. This quiet and peaceful place will be enjoyed by many generation to come.

Félicitation pour cette création tout aussi merveilleuse que paisible

Thanks so much
Jean-Jacques Bourbeau
Primewood.

에스와이우드의 노력에 감탄합니다.
무궁한 발전을 기원합니다

2017. 3. 16.

산림청장 신원섭

とても美しくて
感動しました．
二〇一七年十一月二十九
森林総合研究所
渋沢龍也

A PIECE OF ART MADE BY
A LUMBER BUSINESS MAN.
UNBELIVABLE PLACE MUST BE
VISITED FOR ALL REALY FEEL
THE PASSION FOR WOOD.
A UNIQUE PLACE WITH UNIQUE
SPECIES OF WOOD.
CONGRATULATIONS.

It is the most beautiful
showroom I have ever seen!
Thank you so much for the visit.
Hope my future house will look
the same :)

Julien

Este es un lugar fantástico
para apreciar las maderas del
MUNDO. Felicitaciones.

RODOLFO TIRADO
IGNISTERRA
CHILE

This is a fantastic place for see and
appreciate the different wood of the world
Congratulations!!

October 18, 2017

Dear President Moon,
You can be very proud of your company, your products
and your staff.
Thank you for showing us your many many showrooms.
I loved best the last one: thank you for using
Lamberts glass for the beautiful stained glass window.
Amazing how wood and glass go together.
I would be more than happy if we could cooperate
on many projects in the future.

Rainer Mendl
Owner/President of Glashütte Lamberts, Germany

I'VE TRAVELLED THE WORLD
AND THIS IS THE MOST IMPRESSIVE
WOOD COLLECTION I'VE EVER SEEN.
"SENZA PAROLE – SEMPLICEMENTE
INCREDIBILE"

ENRICO FLORIAN

28TH NOV 2016

THANK YOU VERY MUCH FOR THE INVITATION AND FOR THE TOUR of the IMPRESSIVE WOOD MUSEUM.

LECH MUSZYŃSKI
OREGON STATE
UNIVERSITY
CORVALLIS, OR, U.S.A.

Great vision
Great craftmanship
 wood working
This showroom is the window to "World of Wood"

Shigeki Tanaka
Nwh   Jan-16-2017

MOST BEAUTIFULL SHOWROOM I HAVE EVER SEEN, IT SHOULD BE IN A MUSEUM !!! SIMPLY IMPRESIVE! MARAVILLOSO E IMPRESIONANTE!

JOSE JIMENEZ
BOSS LUMBER   06/13/17

Great! Great! Great!
This is the most wonderful showroom I have seen.
I am so proud we have this best customer in Korea.

William Qian
Missouri Walnut.
2. 15. 2017

목재에서 미래의 희망을 보여주셔서
감사합니다.
대한민국의 목재문화를 선도해주시길
부탁드립니다.
2017. 10. 25
산림청장 김재현

최고의 걸작품 목술관입니다!
SY WOOD 발전으로
사업이 번창하시길 기원합니다.
한국건축학회 정책
명예회장 이상정
2018. 9. 11.

너무도 멋진 작품을 감상할 수
있었습니다.
나무를 사랑하고, 나무와 함께 늙어가는
아름다운 사람들이 오래도록 머무를 수
있는 멋진 공간이네요.
더욱 번창하세요!
2018. 1. 12.

나무의 새로운 세상을 보았습니다.
사업 번창하시길 기원합니다. 이도성

나무가 어떻게 멋있을 수 있는지
또한번 깨닫았습니다.
너무 좋은 구경하고 갑니다.
감사합니다. 정재호

사진 ⓒ 이종수

작가 프로필

소광 蘇洸

- 1943년 8월 25일 서울 출생
- 인천광역시 아라뱃길 SY WOOD 목눌관 디자인연구소 소장
- 목눌관 인테리어갤러리 관장
- 1987년 국무총리상 수상 (실내건축 특수목재 작품 디자인 최우수상)
- 우드 디자이너 / 독학
  - 특수목재 50년 경력
    - 주식회사 유성산업 창업, 20년 경영
      (실내건축 특수목 장식제품 디자인·생산·시공 및 연구개발)
    - 소랜드인테리어 다자인개발연구소 개소, 30년 운영
      (고급건축 내외장재 주문 생산, 명목 가구 등, 디자인·시공·감리)
    - 명목 창작디자인 개발 전문
- 창작품들
  - 목눌관 건립 / 2014년 5월부터 2017년 5월 (3년)
    - 주식회사 SY WOOD 문화원
    - 특수목재 인테리어 전시관 – 목재예술의전당
    - 최초, 최고, 최대 100% 나무로만 장식 – 명목 전시관
    - 세계 최고 특수목재 수입원으로 목눌 2관 – 명품관 기획
      : 춘목(가칭) 내린천 휴양지 우드분야 기획
      : 목눌관 라이프스타일 인테리어 카페 및 아카데미 기획(충남 아산)
  - YL예재문화원 건립 / 2006년 완공 (7년)
  - YL예재문화원 재건 / 2022년 완공 (2년)
  - YL 목재기념관 건립 / 서울 역삼동 소재, 5층 빌딩
- 실적
  - 특수목재 부문(디자인, 제작, 시공, 감리)
    - 청와대 상춘관
    - 63빌딩 54층 VIP룸
    - 투원빌딩
    - 워커힐호텔 컨벤션센터
    - 인터컨티넨탈호텔 외 특급호텔 다수
    - 고급건축 및 주택, 리조트 다수
  - 고급주택(서울)
    삼청동 성낙원, 삼청단지, 평창동, 부암동, 이태원 외인주택 단지, 한남동, 한남동 유엔빌리지, 방배동, 논현동 등

※ 디자인철학 : 디자인은 인간 세상의 패러다임을 바꾼다.

Artist Profile

Soh Kwang

- **Born on August 25, 1943**
- **Director, Moknulkwan Design Research Institute, SY WOOD, Arabaet-gil, Incheon Metropolitan City**
- **Chairman, Moknulkwan Interior Gallery**
- **Awarded the Prime Minister's Award in 1987**
  (Best prize for special wood work design for interior architecture)
- **Wood Designer / Self-taught**
  - 50 years of experience in special wood
    - Founded Yuseong Industrial Co., Ltd., managed it for 20 years
      (Design, production, construction, and R&D of special wooden decorative products for interior architecture)
    - Established Soland Interior Design Development Research Center, operated for 30 years
      (Order production of interior and exterior materials for high-end buildings, noble wood furniture, etc., design, construction, and supervision)
    - Specialized in noble wood creative design development
- **Creations**
  - Construction of Moknulkwan / From May 2014 to May 2017 (3 years)
    - Cultural Center of SY WOOD Co., Ltd.
    - Special Wood Interior Exhibition Hall - Wood Arts Center
    - The first, best, and biggest hall decorated with 100% wood – Noble Wood Exhibition Hall
    - Moknul 2 Hall with the world's best source of special wood import – planned of Luxury Hall
    - Planned Chunmok (tentative) Naerincheon Recreation Area Wood Category
    - Planned Moknulkwan Lifestyle Interior Cafe and Academy (Asan, Chungcheongnam-do)
  - Established YL Yejae Cultural Center / completed in 2006 (7 years)
  - Reconstructed YL Yejae Cultural Center / completed in 2022 (2 years)
  - Established YL Wood Memorial Hall / in Yeoksam-dong, Seoul, 5-stories
- **Results**
  - Special wood category (design, production, construction, and supervision)
    - The Blue House Sangchungwan
    - 63 Building VIP Room on the 54th Floor
    - Twin Building
    - Walkerhill Hotel Convention Center
    - Several deluxe hotels, including the InterContinental Hotel
    - Several luxury buildings, houses, and resorts
  - Luxury houses (Seoul)
    Samcheong-dong Seongnakwon, Samcheong Complex, Pyeongchang-dong, Buam-dong, Itaewon Foreign Residential Complex, Hannam-dong, Hannam-dong UN Village, Bangbae-dong, Nonhyeon-dong, etc.

※ Design Philosophy : Design changes the paradigm of the human world.

SYwood

에스와이우드(주)
대표이사 문성렬

본사 / 목눌관
인천광역시 서구 경인항대로 17 ☎ 032-578-1500
공장
인천광역시 서구 가정로 77번길 56 ☎ 032-572-7182

SYWOOD CO. LTD.

Headquater / Moknulkwan
17 Gyeonginhang-daero, Seo-gu, Incheon ☎ 032-578-1500
Factory
56, Gajeong-ro 77beon-gil, Seo-gu, Incheon ☎ 032-572-7182

http://www.sywood.co.kr
http://www.sywoodmall.co.kr

부록 Appendix

〈SYwood 하드우드 취급품목〉

북미산 하드우드

WHITE OAK (화이트 오크)

레드오크에 비해 비중이 높고 단단해 가공이 어려운 편이고, 잔잔한 무늬결이 있어 가구나 도어 등 제품을 제작한 후 시간이 지날수록 색상이 깊어진다. 광방사 조직이 발달되어 있는 나무의 특성상 건조, 제작과정에서 결함이 가능성이 많아 주의를 필요로 하는 수종이다.

- 수종 : WHITE OAK(백 참나무)
- 용도 : 건축, 내장용, 가구, 마루판, 주방가구, 몰딩, Door frame, Door용 등
- 등급 : 북미산 FAS(First And Second), Superior(S2S)

RED OAK (레드 오크)

미국 동부에 널리 분포하며, 물푸레나무와 비슷하나 가격대가 높은 편이다. 다른 수종에 비해 직경이 크게 성장해 여타 수종에 비해 넓은 판재(300mm이상의 폭)를 규격별로 원활하게 공급할 수 있는 수종으로 공급이 원활하고 가격대가 안정되어 문틀, 창호, 몰딩, 가구재로 많이 쓰임

- 수종 : RED OAK(적참나무)
- 용도 : 가구, 도어용, 몰딩용, 마루판, 부엌가구, 목창호 등
- 등급 : 북미산 FAS(First And Second), Superior(S2S)

HARD MAPLE (하드 메이플)

미국 동부 및 오대호 지역의 여러 주에 분포하며 미국인들이 가장 선호하는 품종으로, 변재는 크림빛을 띠는 백색으로 약간의 붉은 끼를 지니고 있으며 심재는 옅은 적갈색으로부터 짙은 적갈색에 이르기까지 다양하다. 건조가 느리며 수축률이 크기 때문에 치수 변동에 유의해야 한다.

- 수종 : HARD MAPLE(경 단풍나무)
- 용도 : 가구, 도어용, 몰딩용, 마루판, 부엌가구, 목창호 등
- 등급 : 북미산 FAS(First And Second), Sel & BTR(S2S)

P.C MAPLE (서부산 소프트 메이플)

연 단풍 나무는 종종 경 단풍나무의 대체재로 이용되기도 하며 벚나무 컬러를 착색하여 흉내 내기도한다. 절삭성이 우수하며 연마에 의한 우수한 마감면을 가지며 경단풍 나무의 약 30% 정도 덜 단단하다.

- 수종 : PACIFIC COAST MAPLE (서부산 연 단풍나무)
- 용도 : 가구, 도어용, 몰딩용, 마루판, 부엌가구, 악기재 등
- 등급 : Sel & BTR

WALNUT (월넛)

북미산 하드우드 중 고가의 수종에 속하고 최고급 가구재로 사용, 시간이 지날수록 색상이 더욱 고급스러워지며 도장, 연삭, 선반 세공 및 조각 작업에 대한 탁월한 성질을 지니고 있으나, 고가임에도 옹이나 변재 등이 많아 까다롭기 때문에 충분한 검토가 필요한 수종이다.

- 수종 : WALNUT(호두나무)
- 용도 : 고급 가구용, 총기류 등의 개머리판, 창호, 마루판, 도마 등
- 등급 : 북미산FAS(First And Second), EXTRA, SUPERIOR ETC

CHERRY (체리)

벚나무의 심재는 짙은 적색 혹은 적갈색이며 변재는 그림 색을 띠며 목재는 곱고 균일하며 갈색의 수반점과 검주머니(gum pocket)가 자연적으로 나타난다. 이는 벚나무 고유의 특성이기도 하다.

- 수종 : CHERRY(체리나무)
- 용도 : 고급가구, 부엌가구, 도오, 몰딩, 가구용 등
- 등급 : 북미산FAS(First And Second)

WHITE ASH (화이트 애쉬)
ASH는 미국 동부 전역과 캐나다에 분포하며, 나뭇결은 거칠고 질긴 편으로 가구재 및 운동기구 등으로 많이 사용된다. 대표적인 DIY 수종이라 할 수 있으며 심〉변재의 색상 차이가 심해 작업 시 주의가 필요한 수종이다.
- 수종 : WHITE ASH(물푸레나무)
- 용도 : 운동기구, 휨 가공품, 의자, 식탁 다리, 손잡이, 마루판 용도 등 가구 용재로 많이 사용
- 등급 : 북미산 FAS(First And Second)

Y/POPLAR (옐로 포플러)
미국산 옐로 포플러는 약간의 녹색과 두터운 줄무늬가 나타나는 선황 색의 재색, 균일한 무늬와 통직한 목리를 가지고 있다. 무게, 강도, 충격 저항, 휨 및 압축 강도 등에서 중간 정도의 값을 나타낸다. 건조 시 수축이 생기지만 건조 후에 치수가 안정된다.
- 수종 : Y/POPLAR(옐로 포플러)
- 용도 : 가구, 도어용, 마루판, 부엌가구, 목창호, 몰딩류 등
- 등급 : 북미산 FAS(First And Second)

유럽산, 동남아시아산, 아프리카산 하드우드

BEECH (비치)
BEECH는 유럽 전역에서 자생하며 북동유럽 지역이 재색과 품질이 우수, 밝은 크림색으로 건조시 스티커 마크 혹은 하절기 높은 온도로 변색이 쉽고 다른 수종에 비해 수축률이 높기 때문에 주의를 필요로 하며 국내에서는 주로 White Beech를 사용한다.
- 수종 : BEECH(너도밤나무)
- 용도 : 가구, 도어용, 마루판, 유아용 교구재, 일부 창호재로 사용.
- 등급 : 유럽산 A TOP

TEAK (티크)
TEAK는 최고급 목재로 세계적으로 널리 사용되고 있다. 기계적 성질은 강하고 제재가 용이하며, 수축률이 적고 균해, 충해에도 강하여 내구성이 좋다. 재면은 광택이 풍부하고 양초같이 끈끈한 촉감이 나며 가죽 같은 독특한 냄새를 풍긴다.
- 수종 : TEAK(티크)
- 용도 : 선박, 요트, 고급가구, 장식, 조각, 테이블 등 고급 내장 용재로 사용
- 등급 : 미얀마산 골든 TEAK

IROKO (이로꼬)
IROKO는 TEAK와 유사한 나무로 결점이 별로 없는 목재이다. 수축이 적고 아축감, 곡강도는 약간 강한 편이고 충격강, 횡방향 강도는 약하나 내구성이 좋다. 가공과 접착성은 양호하나 도장은 어렵다. 나뭇결은 거칠고 균일하며 지방질의 촉감이 있으며 캐러멜 냄새가 약간 풍긴다.
- 수종 : IROKO(이로꼬)
- 용도 : 가구, 도어용, 마루판, 부엌가구, 목창호, 몰딩류 등
- 등급 : 유럽산 A TOP, 미얀마산 골든 TEAK

부록 Appendix

〈SYwood 데크재 취급품목〉

남미산 데크재

IPE (이페) / 원산지 : 브라질

남미가 주산지인 이페는 '데크재의 왕'이라고 불리는 수종. 목재의 단단함을 숫자로 표시하는 얀카 경도 3684를 나타낸다. 이는 현존하는 목재 수종 중 최상위 등급이다. 갈라짐이나 변형이 거의 없어 다양한 사이즈 및 형태로 가공하여 사용되고, 기계적이 성질이 강해 내구성이 우수하고 수분에 강해 수변 공간에도 많이 사용된다.

- 용도 : 테크재, 부두용재, 조경용재, 건축재 등
- 색상 : 암 황록색, 암 녹갈색
- 특징 : 30년 이상의 부패 저항력, 치수 안정성 우수
- 내구성 : 휨강도 100~170 / 비중 0.95~1.15
- 특성 : 방부처리 불필요, 가공이 어려움

MASSARANDUBA (마사란두바) / 원산지 : 브라질

이페 다음의 고급 수종으로 주로 미국이나 유럽시장에 판매되고 있다. 자연건조(AD) 제품은 수축 팽창이 비교적 많은 특징이 있어 인공건조(KD) 제품을 사용하는 편이 좋다. 매우 단단하고 적색 또는 적갈색을 띠는 것이 특징으로 나뭇결이 곱고 균일하여 광택성을 지니고 있어 조경재, 가구재로도 사용할 수 있는 고급 수종, 경도 3190으로 강도가 매우 강한 수종 중 하나이다.

- 용도 : 테크재, 부두용재, 조경용재, 건축재 등
- 색상 : 암적색
- 특징 :20년 이상의 부패 저항력, 치수 안정성 우수
- 내구성 : 휨강도 100~140/비중 0.9~1.1
- 특성 : 방부처리 불필요, 가공이 어려움

BASRALOCUS (바스라로커스) / 원산지 : 수리남

수리남 및 남미가 산지인 바스라로커스는 멀바우 대체재로 국내에 소개되었다. 수피는 일반적으로 짙은 갈색인데 백색의 반점이 있다. 나뭇결은 약간 거친편이며 가공 및 건조는 약간 어려운 편이다.

- 용도 : 테크재, 부두용재, 건축재, 철도침목 등
- 색상 : 자갈색, 적색
- 특징 : 기계적 성질이 강해 내구성 및 치수 안정성 우수
- 내구성 : 휨강도 70~100/비중 0.7~0.95
- 특성 : 방부처리 불필요, 가공이 어려움

CUMARU (꾸마루) / 원산지 : 브라질

브라질리안 티크라고도 불리며, 햇빛에 그을린 것 같은 황갈색 또는 적갈색을 띠기도 하고 연한 황색이 감도는 자갈색, 또는 자갈색의 줄무늬가 있는 것 등 다양하다. 유럽 등지에서는 이페의 대체 수종으로도 널리 사용되기도 한다. Janka hadness scale 기준경도 3340으로 마사란두바와 마찬가지로 강도가 매우 강한 수종이다.

- 용도 : 테크재, 부두용재, 조경용재, 건축재 등
- 색상 : 암갈색, 적갈색
- 특징 : 20년 이상의 부패 저항력, 치수 안정성 우수
- 내구성 : 휨강도 100~130/비중 0.95~1.15
- 특성 : 방부처리 불필요, 가공이 어려움

동남아시아산 데크재

KEMPAS (캠파스) / 원산지 : 인도네시아

원목 중 붉은 톤의 목재로 가장 대표적인 수종으로 대단히 무겁고 단단한 하드우드 수종으로서 실내, 실외 사용이 가능한 천연 방부 목재이다. 색상이 매우 균일해 인테리어 업자 등이 선호하는 수종이다.
시공 작업 시 보링 및 수크류 작업 시, 한 번에 강한 임펙트가 가해질 때 목재가 크게 갈라지는 현상이 발생할 수 있으므로 주의를 요한다.
- 용도 : 테크재, 후로링, 철도침목, 중구조용재, 합판 등
- 색상 : 황갈색, 적등색
- 특징 : 가결이 비교적 저렴함
- 내구성 : 휨강도 70~100/비중 0.7~0.95
- 특성 : 방부처리 불필요, 가공이 양호함

KAPUR (카폴)

방킬라이와 색상이나 표면이 가장 흡사한 수종으로 강도는 방칼라이 보다 조금 연하지만 변형이 적고 가공성이 우수하다. 목재를 잘랐을 때 독특한 향이 나는 것이 특징으로 색상이 선홍빛이 감돌아 은은한 고급스러움이 나오는 목재이다.
- 용도 : 테크재, 바닥재, 마감재, 루바재 및 조경시설물 등
- 색상 : 담황갈색, 암갈색
- 특징 : 가결이 비교적 저렴함
- 내구성 : 휨강도 60~90/비중 0.6~0.8
- 특성 : 방부처리 불필요, 가공이 양호함

KUMEA(꾸메아) / 원산지 : 인도네시아

크리키스, 비티스, 마닐카라 등의 이름으로 판매되기도 하는 수종. 색상은 진붉은색 계열과 노란색을 띤 핑크 계열 두 가지로 색상이 일정한 편이다. 밀도도 높고 물성이 안정적이라 시공 후 내구성·내후성면에서 뛰어나다. 멀바우보다는 덜하지만 꾸메아도 붉은색 색소가 빠져나와 용도에 맞는 현장에 시공해야 한다. 기계적 성질이 강하며 내구성이 우수하다.
- 용도 : 데크재, 야외 무대 등
- 색상 : 황적색
- 특징 : 친환경성 : 천연 친환경소재
- 장점 : 10년 이상의 부패 저항력, 가격대비 내구성 우수, 치수 안정성 우수
- 내구성 : 휨강도 95~120 / 비중 0.97~1
- 특성 : 방부처리 불필요, 가공이 양호함

MERBAU (멀바우) / 원산지 : 동남아시아

내구성이 대단히 높으며 도든 충해에 강해 중 구조용재, 기둥, 교량재, 철도침목으로 사용되며, 장식용재로서의 가치도 높아 고급 바닥재, 가구, 장식장으로도 사용된다. 치수 안정성이 높고 가격 대비 내구성(휨강도)도 우수한 편이다. 수분이 빠질 때 검붉은 물이 빠져나와 미관상 주의가 필요하다.
- 용도 : 테크재, 부두용재, 조경용재, 가구재 등
- 색상 : 암갈색, 적갈색
- 특징 : 가격대비 내구성(휨강도)우수, 치수 안정성 우수
- 내구성 : 휨강도 90~120/비중 0.89
- 특성 : 방부처리 불필요, 가공이 어려움

BANGKIRAI (방킬라이) / 원산지 : 인도네시아

천연 테크재 중 대중적으로 가장 잘 알려진 수종, 뒤틀림이나 변형이 작아 내/외부데크재, 부두재, 교량재 등으로 사용된다. 나뭇결은 전체적으로 균일하며 기건비중 0.75~0.85정도로 비중이 높은 편이다. 반면 수축률이 높아 건조시 뒤틀리는 수가 있으므로 주의를 요한다.
- 용도 : 테크재, 기둥, 교량재, 철도침목 등
- 색상 : 황갈색
- 특징 : 기계적 성질이 강하며 내구성 및 치수 안정성 우수
- 내구성 : 휨강도 80~120/비중 0.8~1.2
- 특성 : 방부처리 불필요, 가공이 어려움

밝은마음

아름다운세상 —
목늘관의 목 향이 그윽하다

보다 편리하게!
보다 튼튼하게!
보다 아름답게!

SY WOOD 목늘관은 목재 문화의
패러다임을 바꿨다

창의적인 DESIGN은 인간세상의
패러다임을 바꾼다

소광

木訥館
목눌관
MOKNULKWAN

저자	소 광
발행처	도서출판 다다아트
발행인	노용주
발행일	2022년 12월 24일
기획	노용주
편집	노용주 정규호
편집디자인	정규호
사진	노용주 송민호 이종수

Copyright©다다아트
본 도서에 수록된 모든 내용은 저자 및 도서출판 다다아트의 서면에 의한
허락 없이는 어떠한 형태나 수단으로도 이용할 수 없습니다.

ISBN 978-89-93015-14-0

값 50,000원